地質年代表

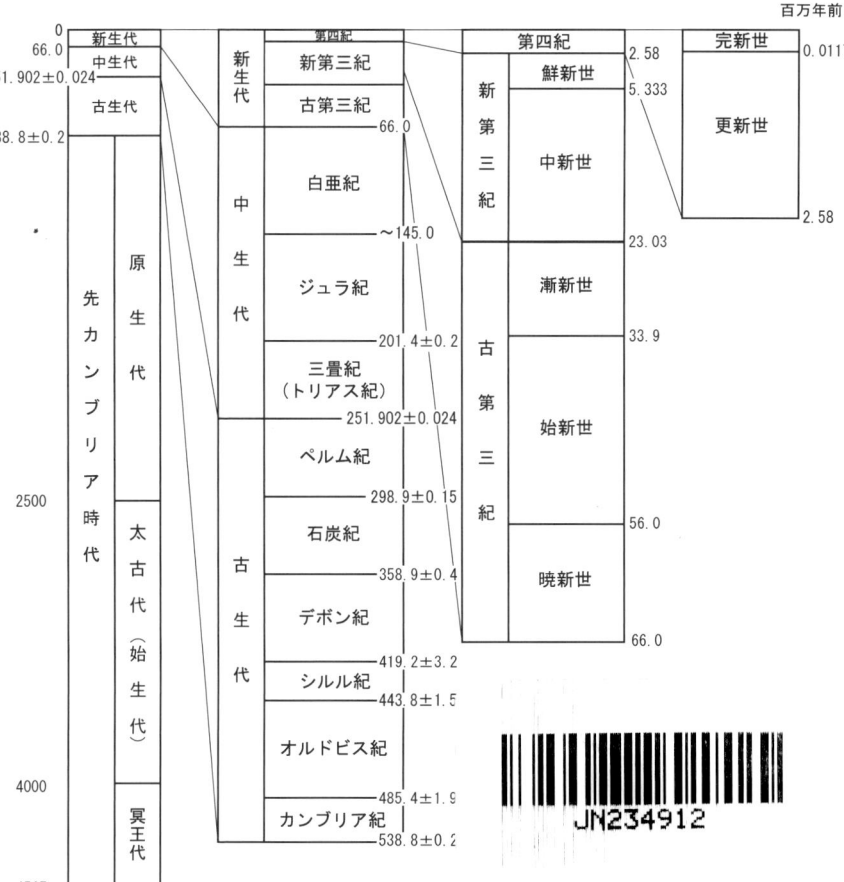

(年代値は，International Commission on Stratigraphy による International Chronostratigraphic Chart (2023) に従った)

Field Geology

1

フィールドジオロジー入門

日本地質学会フィールドジオロジー
刊行委員会 編

天野一男・秋山雅彦 著

共立出版

執筆者紹介 (○編集責任者，執筆順)

○**天野一男** (A-1, 2, B-1~9, C-1)
 茨城大学名誉教授
 東京大学空間情報科学研究センター客員研究員

秋山雅彦 (C-2, C-3, D-1)
 元 信州大学理学部教授，元 日本地質学会会長

刊行にあたって
―本シリーズの刊行目的と読みかたの薦め―

　「フィールドジオロジー（全9巻）」は，地質学を初歩から学ぶための入門コースとして「日本地質学会フィールドジオロジー刊行委員会」が企画したシリーズである．

　地質学への第一歩は野外に出て地球に直接ふれてみることにある．実際にふれるものは岩石や地層であり，鉱物や化石である．また，ある場合には断層や褶曲かもしれない．実際に野外へ出て学ぶ地質学をフィールドジオロジーという．これが，本シリーズの名称の由来である．これまでにフィールドジオロジーの一部を扱った類書が多数出版されているが，フィールドジオロジー全般にわたって総合的に扱ったものは本シリーズが初めてである．

　本シリーズは，地質学や環境科学を学ぶ学部学生，地質学とは専門は異なるが地質学の基本を学びたい大学院生・地質関係実務担当者・コンサルタント等の地質技術者，アマチュアの人たちを対象としている．これまで地質学を学んだことのない方々や文科系出身者にも理解できることを目標にした．また，適当な指導者に恵まれない場合であっても，本書を片手に独学でフィールドジオロジーの基本をマスターできることを目指して企画された．

　本シリーズには，日本の地質を野外において観察するための最も基本的な事柄が網羅されている．初心者にとって読みやすい構成を心がけ，読者が興味にしたがってどの巻から読み始めても，十分な理解が得られるように構成されている．しかし，フィールドジオロジーを体系的に身につけ，将来，専門的な研究や実務に活かそうと希望する方は，ぜひ全巻を通してお読みいただきたい．ここでは，

全巻の内容の紹介とともに，独学でフィールドジオロジーを身につける読み方のモデルを提示した．しかし，必ずしもこの順番にこだわることなく読み進めていただいて結構である．

本シリーズの構成と読み進め方の一例を図1に示す．「基礎Ⅰ」は，堆積岩を中心として，野外地質学の基本である層序と年代について扱っている．初心者にとって比較的入りやすい分野であるとともに，野外地質学の最も基本的な分野でもある．「基礎Ⅱ」は，火成岩と変成岩について取り扱っているグループである．「基礎Ⅲ」は，すべての岩石に共通の地質構造を取り扱う．なお，第7巻の前半分では，地質構造の中でも微細構造について述べているので，第6巻と関連させて読むことが望ましい．読む順番としては，おおむね「基礎Ⅰ」→「基礎Ⅱ」→「基礎Ⅲ」，「基礎Ⅰ」→「基礎Ⅲ」といった読み方を推奨する．「応用」としてまとめられた第4，5，9巻の内容は，日本列島の地質の特徴や新しい概念の応用と関連している．第5巻の付加体地質学が理解できないと，日本列島の中・古生界の地質の理解は難しい．また，たとえば新第三系が広く分布

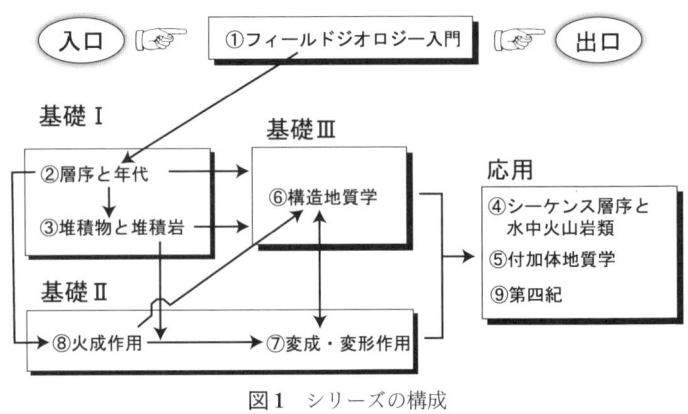

図1 シリーズの構成

している地域では，水中火山岩類の知識が必要不可欠である．火山の多い日本列島の第四系も独特の調査法が必要となる．なお，第4巻のシーケンス層序は，現在，学問的にも応用面でも注目されている課題である．

　本シリーズが，地質関連分野の専門家にとってはより専門的な研究への入り口となり，専門家でない方にとっては地球理解の一助となれば，というのが私たちの願いである．

日本地質学会フィールドジオロジー刊行委員会
秋山雅彦（委員長）
天野一男・高橋正樹（編集幹事）

はじめに

　21世紀は環境の世紀ともいわれ，環境問題が人類にとって最も重要な課題であることは万人の認めるところであろう．毎日のニュースでも，火山，土石流，地震，津波などの自然災害や環境ホルモン（内分泌かく乱化学物質）による環境汚染など環境問題にかかわる話題はつきない．長期的な問題としては，環境の持続的な開発・利用，長周期の環境変動など環境にかかわる重要課題は多い．また，資源をいかに有効に使い，後々の世代に残せるかということも極めて緊急な課題である．

　われわれ人類が地球上で発生・進化し，将来も地球上で生活を続けていくことを考えると，地球こそがわれわれ人類の唯一のふるさとであり，将来にわたってのすみかであるというあたりまえのことに気づく．これは，地球上の動植物にとっても同様である．人類をはじめとする地球上の生物の生き残りを考えるためには，地球についてその成り立ちや現在の姿を知り，将来を予測することが必要となる．地球を知るための学問の中核が広い意味での地質学である．21世紀を迎えた今こそ，万人が地質学を学ぶ必要性と意味がここにある．

　世界の地質学者が4年ごとに集まって研究成果を発表し，地質学の将来を考える会議が万国地質学会議である．2000年8月に第31回万国地質学会議がブラジルのリオデジャネイロで開催された．この会議のメインテーマが「地質学と持続的開発」であった．世界の人々が地球を理解し，人類を含めた生物のためにその環境をいかに良好に保つかを真剣に考え始めている一つの例であろう．

「フィールドジオロジー入門」で扱った内容は，従来，大学の地質学関連学科に入学した学生に対して，教員から個別に職人的に伝授されてきた事柄が多い．したがって，地質学の専門家にとっては当たり前の事柄であって，通常は教科書には記述されることがなかった．それらを丁寧に説明するよう心がけた．本書が大学で地質学をはじめて学ぶ学生諸君や，独学で学ばなければならない専門外の方々にとって役立つことになれば幸いである．

　本書を執筆するにあたり，茨城大学理学部の地質ゼミの教員，学生諸君には全面的にご協力をいただいた．とくに，大学院の松原典孝氏からは図の作成，写真撮影から原稿の整理まで献身的な協力をえた．安藤寿男助教授，岡田　誠助教授，藤縄明彦助教授には未公表の図を提供いただくとともにご助言をいただいた．大学院の上田庸平氏，学部学生の中山陽平氏からは未公表の図をお借りした．大学院の納谷友規氏には博士論文執筆の合間をぬってお手伝いいただいた．元　筑波大学附属高等学校教諭の倉林三郎氏には立体写真撮影法について御教示いただいた．アジア航測株式会社の足立勝治氏は，ご多忙中にもかかわらず本書のために空中写真判読をしてくださった．また，NPOアサザ基金の矢野徳也氏には，ほのぼのとした多くの挿絵を提供いただいた（図A-2-1，2；B-1-3；B-3-1〜4，6；B-4-5，6，15；B-6-1；B-9-3，4，5，7）．そのおかげで本書が初心者にとって親しみやすいものになった．ご協力いただいた皆さんに感謝の意を表したい．最後になったが，本書の企画の段階でお世話になった元　共立出版株式会社編集部の齋藤　昇氏，そして筆の遅い筆者らを暖かく励まし編集万端をお世話くださった横田穂波氏に御礼申し上げる．

目 次

A 概説編
- **A-1** フィールドジオロジーとは　*1*
- **A-2** フィールドに出かける前に　*4*
  - A-2-1　文献調査　*4*
  - A-2-2　地形図・空中写真の準備　*5*
  - A-2-3　調査時の服装　*6*
  - A-2-4　調査道具　*8*
  - A-2-5　入林許可書等　*11*
  - A-2-6　保　険　*12*

B 実践編
- **B-1** 地形図を読む　*13*
  - B-1-1　地形図の種類　*13*
  - B-1-2　磁北と真北　*15*
  - B-1-3　地形の重要性　*17*
  - B-1-4　空中写真の使い方　*18*
- **B-2** 地質図を読む　*24*
  - B-2-1　地質図の入手法　*24*
  - B-2-2　地質図に使われる記号　*25*
  - B-2-3　地層命名のルール　*26*
  - B-2-4　いろいろな地質図　*32*
- **B-3** 露頭を観察する　*39*
  - B-3-1　沢の歩き方　*40*

viii 目　　次

　B-3-2　危険な動物・植物　*42*
　B-3-3　調査時のモラル　*44*
　B-3-4　ルーペの使用法　*46*
　B-3-5　観察のポイント　*47*
B-4　走向・傾斜をはかる　*50*
　B-4-1　面構造の表現法　*50*
　B-4-2　線構造の表現法　*52*
　B-4-3　クリノメーター　*53*
　B-4-4　面構造の測定法　*53*
　B-4-5　線構造の測定法　*55*
　B-4-6　深田式コンパスのさまざまな使用法　*57*
　B-4-7　走向・傾斜測定応用編　*61*
B-5　フィールドノート・写真に記録する　*64*
　B-5-1　フィールドノート　*64*
　B-5-2　一般的な調査の場合のフィールドノートへの記録　*64*
　B-5-3　フィールドノートのかわりに記載カードを使う　*66*
　B-5-4　フィールドノートに簡易的なルートマップを作成する　*68*
　B-5-5　一般的な露頭写真の撮り方　*68*
　B-5-6　簡便な立体写真の撮り方　*69*
B-6　ルートマップを作る　*71*
　B-6-1　ルートマップの作成法　*71*
　B-6-2　ルートマップの実例　*76*
B-7　柱状図作成法　*79*
　B-7-1　露頭で直接柱状図を作成する方法　*80*
　B-7-2　ルートマップから柱状図を作成する方法　*81*

B-7-3　柱状図を対比する　*84*
　B-8　地質図を作る　*88*
　　　B-8-1　地質図の作り方　*88*
　　　B-8-2　地質断面図の作り方　*91*
　　　B-8-3　より進んだ学習のために　*95*
　B-9　試料を採取する　*96*
　　　B-9-1　岩石の割り方　*96*
　　　B-9-2　割りとった岩石の整形法　*100*
　　　B-9-3　定方位試料の採取法　*101*
　　　B-9-4　ラベリング　*103*
　　　B-9-5　試料発送法　*105*

C　結果のまとめと情報の発信
　C-1　調査結果をまとめる　*107*
　　　C-1-1　研究ノートの整理　*107*
　　　C-1-2　フィールドノートの整理　*108*
　　　C-1-3　写真の整理　*108*
　　　C-1-4　採取した試料の整理　*109*
　　　C-1-5　図表の作成と整理　*110*
　C-2　口頭で発表する　*115*
　　　C-2-1　発表の準備　*115*
　　　C-2-2　図表類の作成　*115*
　　　C-2-3　発表の構成　*116*
　　　C-2-4　発表の仕方　*116*
　C-3　文書で発表する　*118*
　　　C-3-1　卒業研究（地域地質研究を扱う場合の例）　*119*
　　　C-3-2　地質コンサルタント業界での報告書　*123*

D 用語解説・文献
D-1 用語解説 *125*
  D-1-1 岩相層序区分について *125*
  D-1-2 年代区分について *128*
  D-1-3 岩石の分類 *131*
  D-1-4 地質構造 *134*
D-2 参考文献 *138*

索 引 *143*

A-1 フィールドジオロジーとは

　地質学も他の自然科学の分野と同じように近年きわめて急速な発展をとげている．シミュレーション，高温高圧実験，化石の遺伝子解析等々，実にさまざまな研究手法が導入され，めざましい成果が次々と得られている．また，地震波を利用した地下構造の解析やランドサット衛星写真による地質構造の解析，調査船による海洋調査など，周辺学問分野との相互乗り入れによって大きな成果も得られている．とりわけ，日本では深海掘削船「ちきゅう」が2002年1月18日に進水式を終え，2007年度からは本格的に活躍する予定になっている．また，自然災害，地質環境問題，放射性廃棄物問題に対しても地質学が大きく貢献している．しかし，地質学の考え方の基本はフィールドジオロジーにある．

　フィールドジオロジーの基本的な方法そのものは19世紀に完成したが，現在においてもその意義は失われていない．精密な機器を使った巧みな実験により得られたデータでも，地球システム全体の中で位置付けられなければ，その意義は半減するであろう．また，地球上で起こっている地質学的な現象を総合的かつ実際的に把握しない限り，コンピューターシミュレーションもその意味を失ってしまう．この意味で，フィールドジオロジーの重要性はかえって増しているといえよう．

　初心者にとってフィールドジオロジーを学ぶ意義は，地学現象を地層や岩石といった実際のものを通して総合的に理解する訓練にある．いっぽう，技術者・行政官・市民が，自然災害や地質環境問題といった緊急の課題に対処する際，現場において的確な判断を下す

ためにもフィールドジオロジーは直接役に立つものである.

　また，地質学の研究を進める上でフィールドジオロジーが効果的な役割を果たしていることを強調したい．現在進行している地質学的な現象を直接観察できる場合を除いて，多くの場合，われわれは地質学的な出来事の結果を観察することになる．その結果からさまざまな推論，実験などにより原因を特定していく．しかし，原因は多数あり，それら相互の関係も複雑で単純な推論から安易な結論を導くことは危険である．このことをさけるために「多数作業仮説」(Chamberlin, 1897) といった考え方がなされていた．すなわち，得られたデータを最も合理的に説明する仮説を思いついたら，まずそれに合わないデータを探す．そして，その新たなデータをも説明できる仮説を考える．この作業を繰り返すことにより，真実に肉迫できる．フィールドジオロジーは，この訓練をする上で最良の題材を与えてくれる.

　川喜田 (1967) は野外科学の研究法についてより一層考察を加えた．彼によれば，野外科学の醍醐味は革新的な仮説を生み出し，新たな発想を得ることにある（図 A-1-1）．フィールドジオロジーにおける研究の醍醐味もまさにここにあるといえる．広く地球科学を

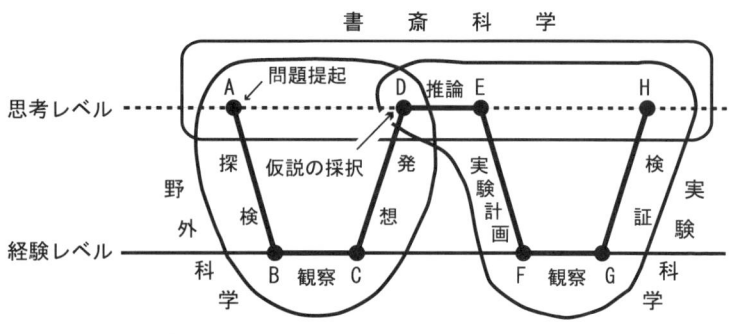

図 A-1-1　野外科学の方法（川喜多, 1967）

とってみても，革新的かつ核心的な仮説が，野外調査に基づく自然への洞察によって導きだされてきたことも事実である（原田，1990）．

A-2　フィールドに出かける前に

　フィールドには目的を明確にしてから出かけることが必要である．目的に応じて綿密な調査計画を立て，十分な準備をしなければならない．それが事故を防ぎ，実り多い調査を保証することになる．以下に準備にあたっての注意事項を項目別に記述する．それらは目的に応じて変わるが，ここでは初心者を想定して最も一般的な場合についてのみ述べる．

A-2-1　文献調査

　調査にあたっては，目的に応じて事前の文献調査が必要となる．日本列島であれば，程度の差こそあれ，今までに調査されていないところはないといってよい．事前に文献を読みすぎて先入観をもってしまうことは必ずしも好ましいことではないが，何の知識もなく調査に入ることは避けたい．文献といってもその内容はさまざまである．どのような文献を事前に読むかは，目的に応じて調査者が判断しなければならない．

　もっとも基本的なものとしては，日本列島における調査対象地域の位置づけがわかるような概観的なものがある．対象としている調査地域が日本列島の中でどのような位置にあるかを知ることは，初心者にとっても重要なことである．具体的には，「日本の地質 全9巻」（共立出版，1986—1992）や「日本地方地質誌」（朝倉書店）があげられる．文献リストも充実しているので，各巻の刊行年までの文献であればたどることができる．いっぽう，最新の文献はインターネットを利用すると，容易に見つけることができる．中でも産業

技術総合研究所地質調査情報部の文献検索ウェブサイト「Geo-Lis」(http://www.gsj.go.jp/GSJ/geolis.html) が便利である．

　地質図は，論文や報告書以上に地質調査にあたっては重要な情報を含んでいる．日本列島各地の 100 万分の 1 地質図は，同研究所の日本地質図データベース (http://www.aist.go.jp/GSJ/PSV/Map/mapIndex.html) で見ることができ，この地質図で対象地域の地質の概要を知ることができる．ただ，実際に調査に出かける際には，縮尺 5 万分の 1 の地質図を利用したい．5 万分の 1 地質図は日本列島全域をカバーしていないが，すでに発行されている地域が調査対象の時はぜひ利用したい．5 万分の 1 をはじめ各種地質図の検索，入手に際しては地質調査総合センター地質図カタログ (http://www.gsj.jp/Map/) を参考にするとよい．

　各地の大学附属図書館には周辺地域の地質に関する情報がある．また，大学の地質系の研究室には，地域の地質に詳しいスタッフがそろっていることが多い．調査に先立ってコンタクトをとる価値はある．連絡先などについては日本地質学会（〒101-0032 東京都千代田区岩本町 2 丁目 8 番 15 号　井桁ビル 6F，TEL：03-5823-1150，FAX：03-5823-1156，E-mail：main@geosociety.jp，ウェブサイト：http://www.geosociety.jp）に問い合わせるとよい．

A-2-2　地形図・空中写真の準備

　目的によってどのような縮尺の地形図を使用するかが決まる．地形図・空中写真に関する詳しい情報は，国土地理院のホームページ (http://www.gsi.go.jp/) から得ることができる．

　概査（精査に対する用語で，予備的で大まかな調査）の場合，国土地理院発行の 5 万分の 1，あるいは 2 万 5 千分の 1 地形図を使うことが多い．これらは書店などで簡単に入手できる．なお，実際の調査にあたって，ルートマップの作成などに利用するには，5 千分

の1の国土基本図や森林基本図が便利である．精査する場合は，実際に測量をしてもっと大きな縮尺の地図を作製して使うことがあるが，一般的にはフィールドでの記載用として5千分の1地形図を利用するのが便利であろう．より精度を上げたい場合は，簡易測量をして部分的な地図を作製する．その手法については後述する．なお，森林基本図の利用については，地方営林局あるいは県庁に問い合わせるとよい．

空中写真は，地形図だけでは判別しにくい詳しい地形を認識するのに役立つ．たとえば，空中写真を立体視することにより，地辷りや断層の存在を容易に予測することができる．立体視には実体鏡を使うが，訓練すると裸眼で直接立体視することが可能となる．この技術を獲得すると，フィールドに空中写真を持参して調査をしながら立体視ができ，便利である．空中写真の入手法や使用法については後述する．

A-2-3 調査時の服装

服装：調査時の服装は身軽で安全であることが第一である．図A-2-1にその一例を示した．

帽子は必ずかぶること．「つば」のある帽子が望ましい．とくに日差しの強い日中に帽子をかぶらないで調査をすると，日射病などにより場合によっては命にかかわる事故につながる．崖に近寄る場合，ヘルメット着用は必須である．落石は一般に想像するよりも多い．ヘルメットを装着していたために怪我から免れた例もある．火成岩などの硬い岩石が対象の調査で，試料を採取する際には安全めがねも必要となる．比較的安価に購入できるので，調査には携行することが望ましい．

上着は夏でも長袖を着用する．半袖だと虫に刺されたり，薮の中で肌が傷つけられることが多い．ズボンは濡れても動きやすいもの

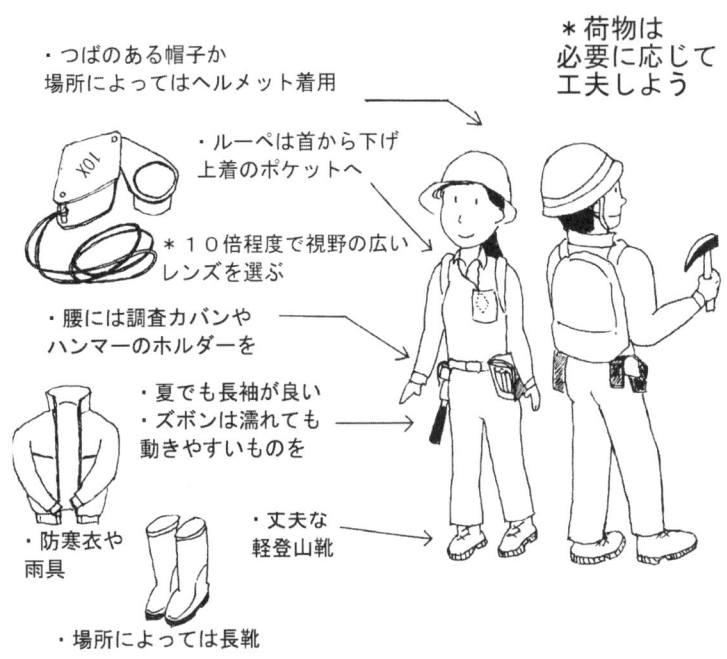

図 A-2-1　調査時の服装

を選ぶ．ジーンズは濡れると足にまとわりつくため不向きであり，半ズボンは怪我のもとであるので避けたい．また，防寒着や雨具も必携品である．調査中に天候が急変することはよくある．雨具としてはかっぱの他に傘も用意すること．雨の中で地図を広げる場合など，意外と便利である．

　サブザックは，背負いひもの幅の広い丈夫なものを選ぶ．採取した試料を入れて背負う場合，背負いひもが細いと肩に食い込んでしまう．

　靴は丈夫な軽登山靴が一般的である．調査対象地域の状況によっては，安全靴や長靴のほうが便利な場合もある．日本独自の作業用

の履き物に地下足袋がある．少しなれると登山靴よりも軽くて便利である．とくに，水に入る調査には有効である．地下足袋にはさまざまな種類があるが，底の厚い農作業用の地下足袋を使用するとよい．なお，岩場の多い沢を中心に調査を進める場合は，底に滑り止めがついた地下足袋も安全に調査を進めるためには優れものである．釣具店などで探してみるとよい．履物と関連して，足首・脛を保護するためのスパッツも準備したい．薮こぎの際に足首を保護でき，ヒルや蛇から体を守ることもできる．手袋も忘れないようにする．安価な軍手で十分である．

　服装や装備は基本的には登山の場合と同じであるが，あまり重装備になることは避ける．重装備になると調査がおぼつかなくなり，本来の目的が果たせなくなってしまう．安全と活動性とのバランスを考えた服装を工夫したい．

A-2-4　調査道具（図 A-2-2）

　下線をつけたものは必ず用意したい道具である．

- **調査カバン**：腰につけるものや肩からかけるものなどが専門店で市販されている．好みや目的に応じて選ぶとよい．なお，釣り人や工事関係者向けの腰につけるカバンも結構使い勝手はよい．これはホームセンターなどで購入できる．
- **ハンマー**：地質調査で最もポピュラーで重要な道具は調査用ハンマーである．基本的には2種類の形状のものがある．片方の先が尖ったピック型（図の左側）と先端が平たいチゼル型（右）がある．これらのハンマーは地質調査専用のものが販売されている．地質調査用具を取り扱っている店で入手できる．図 B-9-2 にいろいろな種類のハンマーをあげておいた．目的に応じて選びたい．詳しくは§B-9 を参照のこと．
- **小つるはし，ねじり鎌**：化石や比較的軟らかな堆積岩のサンプル

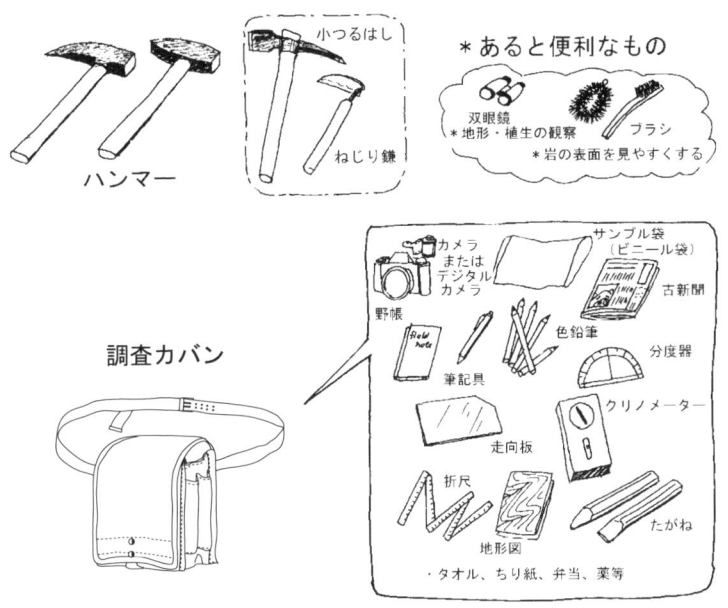

図 A-2-2　調査道具

を採集する際，小つるはしは便利である．ハンマーだけを使って試料を採集するより能率的である．また，園芸・農業用のねじり鎌は，第四紀層など軟らかな地層の堆積構造を調べるのに，最近盛んに使われるようになった．これらは，ホームセンターなどで安価で手に入る．

・**たわし，金属ブラシ**：露頭の表面が風化していたり，苔などの植物に被われている場合，たわしや金属ブラシでそれらを取り去ると，新鮮な面で観察することができる．このような日常使われている道具も工夫しだいで便利な調査道具となる．

・**双眼鏡**：地形や植生の観察に便利である．地形が急峻だったり前に急流があってアプローチが不可能な露頭の観察にも力を発揮す

る．軽量で性能の高いものを用意したい．

- **カメラ**：最近，高性能のデジタルカメラが出回っているが，地質調査にも役立つ．デジタルカメラの場合，その日のうちに写真の整理ができ便利である．調査しながら写真のチェックがほぼ同時にできる点もデジタルカメラの魅力である．
- **クリノメーター**：地質調査にだけ使われる特殊な道具である．機能・値段ともにさまざまな種類のものが販売されている．目的を考えて選択しよう．これはハンマーとともに地質調査用具を扱っている店で入手できる．ケースに入れて腰のベルトに着けると，便利である．詳しくは§B-4を参照．
- **ルーペ**：岩石の組織や鉱物・化石の観察に不可欠．
- **フィールドノート**（野帳）：表紙が硬いハンディーなものを選ぶ．大きさは片手で持てる程度の大きさがよい．ちなみに筆者の使用しているものは縦18.5 cm，横11.5 cmである．用紙は水にぬれても毛羽立たないものを選ぶ．詳しくは§B-5を参照．
- **筆記用具**：Bあるいは2Bの黒鉛筆（雨などでぬれたノートへの記入は，硬い鉛筆やボールペンでは不可能である）．12色の色鉛筆（野外に持参するには12色程度が適当である）．一日の調査終了後，毎晩，フィールドノートや地形図には墨入れをする必要があるのでペンも持参する．
- **分度器**：地形図やルートマップへの走向データの記入に使用するほか，線構造などの計測にも使う．
- **走向板**：主に地層の走向・傾斜を測定する際に使う．フィールドノートとほぼ同じ大きさのプラスチック板かアルミ板の片隅をカットして自分で作成する（図B-4-13参照）．
- **折り尺あるいは巻き尺**
- **たがね**：化石や鉱物の採集，岩石試料の採集に使用する．平たがねと直たがねがある．使用法については§B-9参照．

- **サンプル袋，新聞紙**：化石などは新聞紙に包んだ後，サンプル袋に入れると壊れることが少ない．詳しくは§B-9参照．
- **塩酸**：約1規定の塩酸をプラスチックの醬油入れなどに入れて持参する．地層や岩石中の炭酸カルシウムの存在のチェックに使う．塩酸が簡単に手に入らない場合はトイレ用洗剤でもよい．
- **救急用医薬品**：擦り傷，切り傷用に消毒薬とばんそう膏を用意する．その他，虫さされ，腹痛，頭痛薬などは必需薬である．
- *ノート型パソコン*：直接的な調査道具ではないが，フィールドに持参するときわめて便利である．デジタルカメラで撮影した写真の整理，調査の工程管理などに役立つ．また，地学事典（現時点では英語版が出版されている）をはじめ各種辞書が搭載できるので，基本的なリファレンスブックとしても利用できる．インターネット接続をすれば，フィールドに居ながらにして，情報の収集・発信が可能となる．とくに，長期の調査の場合，力を発揮することは疑いない．
- **GPS**：地形図上では場所を認定しにくい所での位置確認に便利である．湖沼調査では必携品である（図B-1-1参照）．

A-2-5　入林許可書等

　国有林への入林や国立公園・国定公園内での試料採集には，許可が必要となるので事前に申請し，許可を得ておく必要がある．
① 　国有林への入林許可証の取り方
　管轄の営林署から関係書類を入手し，必要事項を記入して提出する．
② 　国立公園や国定公園でのサンプリング許可の取り方
　国立公園は環境省に許可申請書類を提出する．その際，あらかじめ現地出先機関の関係者と打ち合わせしたほうがよい．国定公園については，関連する都道府県に許可申請書類を提出する．

A-2-6　保　険

　どんなに簡単そうにみえる調査にも危険が潜んでいることを忘れてはならない．切り立った崖や滝などは誰でも注意し，緊張してとりつくのでここであえて述べる必要もない．ただ，調査中は，普通の場所であっても想像もしなかったような怪我をすることがある．筆者の経験でもそのような例はいくつもあげられる．たとえば，なんでもない道ばたの石に足をかけたとたんにふくらはぎに肉離れを起こした例，ハンマーで石をたたくつもりが自分の指をたたいてつぶしてしまった例，なんでもなさそうな平らなところにある薮の中を歩いていて穴に落ち，膝小僧に穴を開けてしまった例などは笑い話のようであるが，単独で調査している場合には深刻な事態を招きかねない．

　また，調査地への行き帰りの交通事故も結構多い．一日の調査を終えて緊張がふっとゆるんだ時が意外とあぶない．調査帰りの交通事故が多い所以であろう．調査が終了した時には肉体的に疲労しているのみならず，頭も相当疲れていることを忘れてはならない．

　したがって，簡単にみえる調査においても，安全に万全の備えをするとともに，事故に対する傷害保険に入ることが必須である．また，調査に出かける時には健康保険証を必ず持参する．

B-1　地形図を読む

　フィールドジオロジーの第一歩は，地形図を読むことである．地形図は3次元的な地形情報をさまざまな規則にしたがって，平面上に表現したものである．そのため，その規則を知らないまま漠然と地図を眺めているだけでは，あまり情報を得ることはできない．逆に，その規則を熟知した上で地形図を利用すると，実にさまざまな情報を読み取ることができる．地形図を「読む」という所以である．

B-1-1　地形図の種類

　地形図としてさまざまな種類の地図が出版されている．もっとも入手しやすくよく使われるのが，国土地理院発行の5万分の1と2万5千分の1の地形図である．これらは，近くの書店で入手可能である．より大きな縮尺（5千分の1，2千5百分の1）の森林基本図，国土基本図も県庁や地図専門店で購入できる．目的に応じて使い分けたい．なお，国土地理院からどんな地形図が発行されているかは，http://www.gsi.go.jp/MAP/TYPE/p-map.html で知ることができる．

　フィールドジオロジーにおける地形図利用の第一歩は，場所の確認である．等高線などから地形を正確に読み取ることにより，かなりの精度で位置の確認ができる．日本列島全域にわたって，国土地理院より5万分の1と2万5千分の1の地形図が出版されており，その精度は高い．特に2万5千分の1の地形図を用いれば，確実に位置を認定できる．地形が単調で場所が確定しにくい場合は，

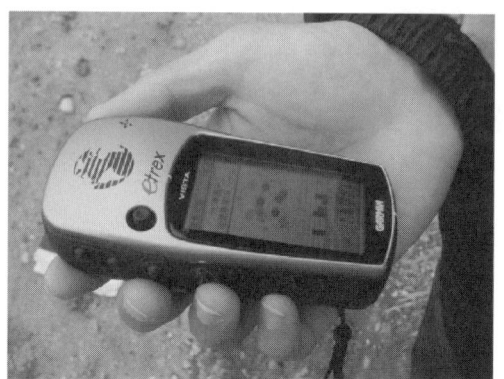

図 B-1-1　GPS

図 B-1-2　携帯高度計

GPS（図 B-1-1）や携帯高度計（図 B-1-2）などを併用すると，正確に場所を確定できる．

　スマートフォンには GPS 機能が搭載されており，それを使って国土地理院地形図やシームレス地質図の場所を特定して活用することができるアプリ（『スーパー地形』など）がある．

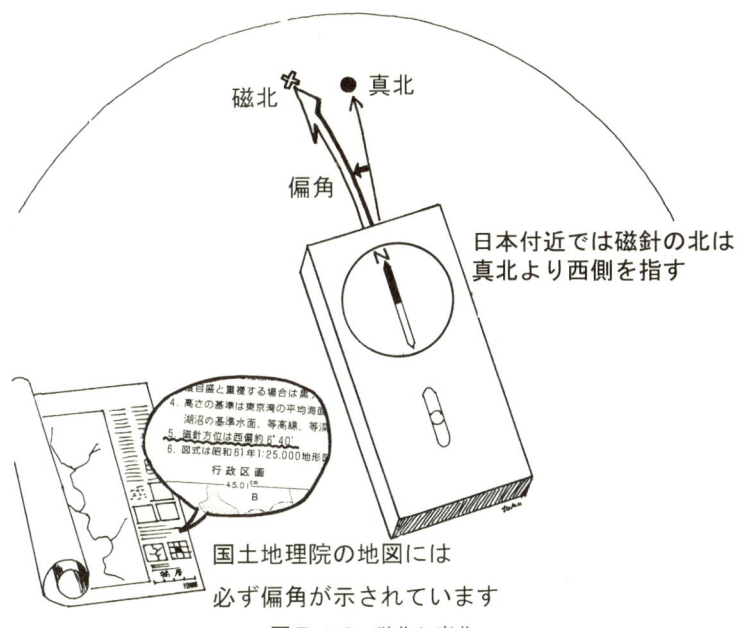

図 B-1-3　磁北と真北

B-1-2　磁北と真北

　普通の地形図は，図の上方が北になるように作成されている．これは少しでも地形図を見たことのある人なら必ず知っていることであろう．しかし，その北（地図上の北）と磁針が指す北が場所によって異なっていることを知っている人は以外に少ない（図 B-1-3）．
　地形図上の北は地球の自転軸の北であり，「真北（しんぼく）」とよばれている．地形図はこの真北を基準にして作成されている．いっぽう，磁針の指す北は真北とはずれている．日本列島の場合，5°から 9°西にずれている（図 B-1-4）．このずれの角度を「偏角」とよんでいる．偏角は低緯度地域で小さく，高緯度地域で大きい．フィールドでクリノメーターなどで直接測定した方位のデータを地形図に書き込ん

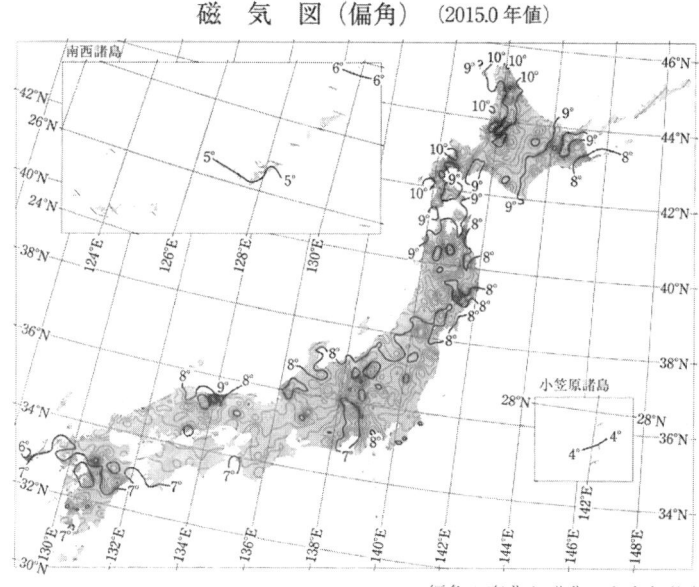

図 B-1-4 日本列島周辺の等偏角図（理科年表 2021 版による）

だり，測定値から地形図上の位置を読み取ったりする場合，測定値に偏角の補正をほどこさなければならない．方位として数度のずれは，かなり大きなものであり，無視するわけにはいかない．調査対象地域の偏角の値は，国土地理院発行の 5 万分の 1 と 2 万 5 千分の 1 地形図の右はしに記載されているので，事前にチェックしておきたい．

偏角の補正はなれないと間違いやすい．最悪の間違いは，逆方向に補正してしまうことである．逆方向に補正すると，実際の方向との間に偏角の値の2倍もの差がでてしまい，データとして使いものにならない．補正の仕方は，もし偏角が7°西偏の場合，計測値が北を基準として東を向いている時は7°減らし，計測値が西を向いている時は7°増やせばよい．たとえば，計測値がN 45°Eの場合はN 38°Eとなり，N 25°Wの場合はN 32°Wとなる．

なお，簡易測量で作成された磁北を北としたルートマップでは，計測した値は補正することなくそのままの値を記入すればよい．清書の段階で，真北にもとづいて作成された地形図に記入する際には，その地図に磁北をあらたに記入し，その磁北を基準にして作業をおこなえばよい．

B-1-3 地形の重要性

地形図は，単に場所を特定するだけのために利用するわけではない．地形図に含まれる最も重要な情報は地形情報そのものである．

筆者が学生だった今から30数年前にも，地質学のカリキュラムに一応地形学は入っていた．しかし，地形が地質をよく反映していることはそれほど強調されることはなかった．活断層の例をとっても，地形から地質状況を判断できることは多い．そして，近年では地質構造を予想するために地形を調べることも多い．

地形学そのものも内容は豊富であり，本格的な教科書を用いて基礎からきちんと勉強する必要がある．しかし，地理学が専門でない初心者にとって，短時間でマスターすることはむずかしい．地質調査の基礎として地形を学ぶためには，ポイントを絞って能率よく学ぶ必要がある．その点で今村ほか (1983) はすぐれた教科書である．地形学そのものに深入りすることなく，地質と地形との関係が要領よくまとめられている．本書では，ページの都合上，地形につ

B-1-4　空中写真の使い方

　地質調査を開始する前,あるいは調査中に空中写真を使うことが多い.空中写真は,一部重複して撮影された隣り合った2枚の写真を使って立体視することが可能である.実際の地形を強調した形で観察できるので,地形図では表現しきれない微地形を認定できる.松野 (1976) は空中写真地質学の古典的名著である.一読をおすすめする.具体的な事例集としては,日本写真測量学会 (1980) が参考になる.なお,各種空中写真の購入法は,国土地理院のウェブサイト (http://www.gsi.go.jp/MAP/KOUNYU/kounyu.html) で知ることができる.

　以下に,空中写真の簡単な使用法と実例をあげる.空中写真は,立体視することで効果的に利用できる.室内においては,大型の実体鏡を使って立体視する (図 B-1-5).隣り合った2枚の空中写真

図 B-1-5　大型実体鏡

図 B-1-6 小型実体鏡

を実体鏡の下に置き観察する．広い範囲にわたる実体視が可能である．フィールドには小型の実体鏡を持参し，宿で利用すると便利である（図 B-1-6）．観察した地形は，空中写真上に直接デルマトグラフを使って記入する．デルマトグラフ以外の筆記具を使うと，写真を汚したり傷つけてしまう．写真を保護するためには，若干の見づらさを我慢すれば，写真の上に透明な用紙を置いて，その上に記録する方法も有効である．

フィールドに空中写真を持参すれば，現地でじかに見た地形と空中写真とを比較できる．そのためには，器具を使わずに裸眼で実体視できることが必要となる．次のような練習を少しすれば，裸眼で実体視ができるようになる（図 B-1-7）．

① 両手を真っ直ぐまえに伸ばして，両手の親指を立てる．
② 右手の親指の爪を右目で，左手の親指の爪を左目で見る．
③ そのままの状態を保って，両親指が一致して見えるところまで両手を近づける．
④ これができるようになったら，次第に両手を離して，より広

20　B　実践編

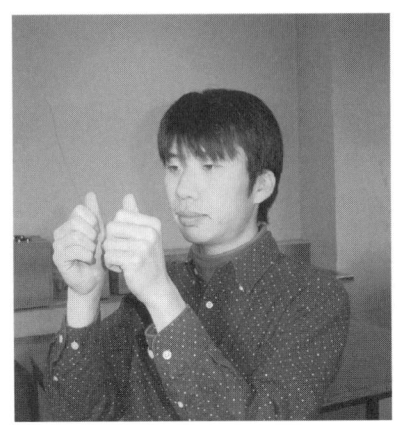

図 B-1-7　道具を使わないで実体視するための練習方法

い範囲が見られるよう練習する．
⑤ ここまでで，実体視の準備が終わる．次は，小さな絵で練習する．ここに日本列島下の震源分布を示した図（図 B-1-8）

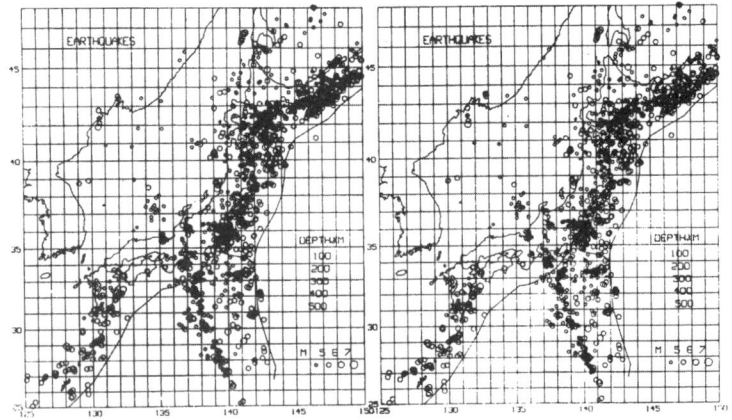

図 B-1-8　日本列島周辺の震源分布の立体表示，実体視練習用（吉井，1978）

をあげておくので,練習してみてほしい.新聞や雑誌などについてくる2枚の似た絵からの間違いを探すクイズにも利用できる.この場合,2枚の絵を右目と左目で見て「実体視」すると,同じ部分は一つに重なってみえるが,異なった部分はチラチラする.一瞬にしてすべての間違いを発見できる.
⑥ 実際の露頭の立体写真(図B-5-4参照)で練習する.

フィールドワークに際して空中写真を見る場合,地辷り地形,線構造,段丘,河川などを観察する.とくに,地辷り地形は,応用地質学としてそれ自体が研究対象となる.いっぽう,地辷り地形を事前に空中写真により判定することにより,実際のフィールドワークにあたって,地辷りにより変位した露頭を判別できる.元来の地質構造を復元するためにはこの作業は不可避である.地辷りのチェックをしないまま構造復元をしても著しく信頼性を欠くことになる.線構造の把握は,断層位置の予測にも役立つ.

現地調査に入る前に,室内で予察作業として実施された空中写真

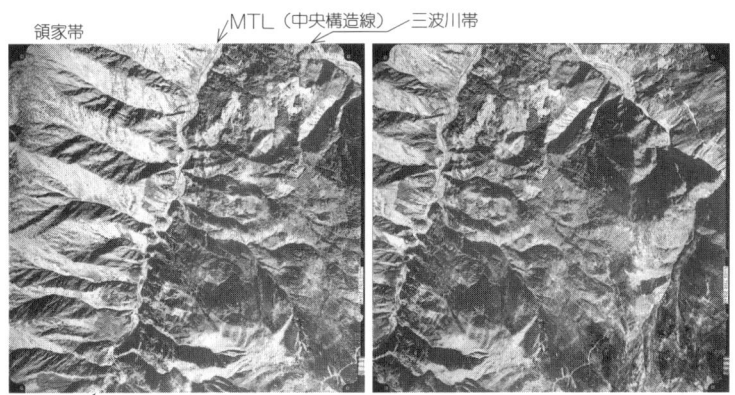

図 **B-1-9** 長野県下伊那郡大鹿村大河原付近の空中写真(林野庁撮影91-37(第2アカシサンチ)C 8 A-5, 6)

22　B　実践編

図 B-1-10　写真判読結果（国土地理院発行2万5千分の1地形図「信濃大河原」を使用）（足立勝治原図）

判読の例をあげる．図 B-1-9 に対象地域（長野県下伊那郡大鹿村大河原付近）の空中写真を示す．図 B-1-10 は，その空中写真判読の結果を地形図に記入したものである．地辷り地形が多数認定されている．当該地域の地質は，中央部に中央構造線が走り，その西側が領家帯_{りょうけたい}，東側が三波川帯_{さんばがわたい}である．地辷り地形は三波川帯に集中しているものの，領家帯にはほとんど見られないこと，水系模様がまったく異なっていることなどが読み取れる．現地調査後に再度判読をおこなうと，いっそう精度が向上する．

B-2　地質図を読む

　地質図は，地殻表層に分布する地層や岩石を主として岩相によって区分し，地形図上にその分布を描いたものである．一般的には，特徴的な地層や岩石が地形図の上に色分けされて表現され，3次元的な分布がわかるようになっている．褶曲や断層といった地質構造，化石産地，鉱床，地質学的時代なども記号を使って書き込まれている．よくできた地質図には，実に多くの地質情報が含まれている．ただし，読む人の地質学的知識の量と質によって，地質図からどれだけ多くの情報を読み取れるかは決まる．はじめは取っつきにくいかもしれないが，経験をつめば地質図は多くを語ってくれるようになる．

　専攻が地質学でなく，近くにフィールドジオロジーの適当な指導者もいない場合，独学でそれを学ぼうとする人は，地質学の基礎的な知識をどのようにしたら身につけられるかとまどいを感じるだろう．ただ，漠然と山を歩いているだけでは，いつまでたってもハイキングの域を越えられない．そのような人には，アーサー・ホームズの教科書「一般地質学」を推薦したい．最先端の事柄の記載はないが，地質学の基礎については実に丹念にわかりやすく書かれている．現代地質学の古典といってもよいだろう．

B-2-1　地質図の入手法

　一般に地質図といわれるものには，目的に応じてさまざまな種類がある．それらのうち，購入可能なものは，産業技術総合研究所地質調査総合センターの地質図カタログのウェブサイト（http://

www.gsj.jp/Map/）で知ることができる．購入先は以下のとおりである．
① 東京地学協会
〒102-0084 東京都千代田区二番町12-2，Tel：03-3261-0809，Fax：03-3263-0257，
URL：http://www.soc.nii.ac.jp/tokyogeo/index.html
② 地学情報サービス
〒305-0045 茨城県つくば市梅園2-32-6，Tel：029-856-0561，Fax：029-856-0568，E-mail：gsis@kb3.so-net.ne.jp，URL：http://www008.upp.so-net.ne.jp/gsis/gsis-J.htm
③ 関西地図センター
〒606-8317 京都市左京区吉田本町27-8，Tel：075-761-5141，Fax：075-761-0120，E-mail：kanchizu@arion.ocn.ne.jp，URL：http://www11.ocn.ne.jp/~kanchizu/
④ 北海道鉱業振興協会
〒065-0021 札幌市東区北21条東2丁目，Tel/Fax：011-731-4534

さまざまな地質図のうち，最もポピュラーなものがカラー印刷された5万分の1地質図である．残念ながら現時点では全国を完全にはカバーしていないが，出版されているものは大いに利用したい．よくできた地質図は，ほとんど芸術作品に近い色調のものもある．

B-2-2　地質図に使われる記号

地質図上には，さまざまな記号を使って地質構造，化石産地などが表現されている．走向・傾斜を表現するT字型の記号を例にとっても，一般にはなじみがない．図B-2-1に主要なものを示す．最低限，この程度の記号の意味は知っていないと地質図を読むことはできない．対象とする地質が異なると，異なった記号が使われる

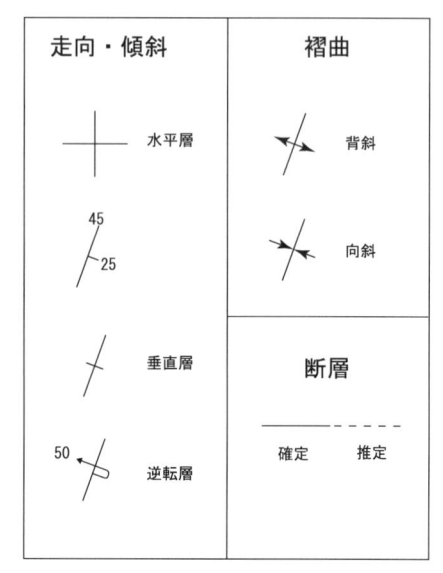

図 B-2-1　地質図に使われるおもな記号

ことがあるので注意を要する．地質図を最初に開いた時に，まずその地質図で使用されている記号をチェックしよう．

B-2-3　地層命名のルール

　地質図上に表現される地層や岩体は，基本的には岩相によって区分され，共通の特徴をもっているものは「岩相層序単元」としてまとめられている．正式の岩相層序単元は，世界共通のルール（国際層序ガイド）にしたがって分類・命名されている．このルールを無視して命名された地層名は，正式のものとは認められない．ただし，地層名のつけ方は国や地域によって異なっており，命名法が完全に世界的に統一されているわけではない．日本地質学会では，雑誌に発表される論文中に使用される地層名については，混乱をさけ

るため地層命名の指針を作成している．この指針は地質学の基礎を知る上で役立つと思われるので，その全文を掲載しておく．地質図を読む際や自分で地層名を新たにつける際の参考にしてほしい．

地質図に表現されている地層名は，「総合柱状図」にまとめられ，それらの新旧関係や大まかな岩相などがわかるようになっている（図 B-2-2）．地質図によっては，地質図の端に書かれていたり，別冊の説明書の中に書かれている．

【参考】
日本地質学会地層命名の指針
(1952 年 2 月 18 日制定　2000 年 4 月 1 日改訂)

I．本指針は，日本地質学会が採用する岩相層序単元区分に基づく「地層の命名」に関する学術的手続きについての指針である．

II．本指針は，地層名に関する先取権の尊重を基本原則とし，地層の名称に関する混乱をなくすことが目的で，地質学の自由で闊達な研究を制約するものではない．また将来的に，地質学の発展にあわせた合理的指針となるよう検討を重ねてゆく基本資料でもある．

III．本指針は，基本的に国際層序ガイド第 2 版（1994，日本地質学会訳編，2001）に従って作られている．また，岩相層序単元以外の層序単元の命名に関する手続きにも，本指針を適用するよう勧める．

IV．本指針は，1952 年制定の「日本地質学会地層命名規約」にかわるものであり，2001 年 1 月 1 日以降に日本地質学会が編集・発行する出版物に関して適用する．これ以前に命名されたものに関しては，本指針の手続きに沿っていなくても有効な名称と見なすが，著しい不都合が生じる場合は関係する研究者による速やかな再定義が望まれる．また出版物等において慣例的・便宜的に使用するような地層名に関して，何ら規制するものではない．

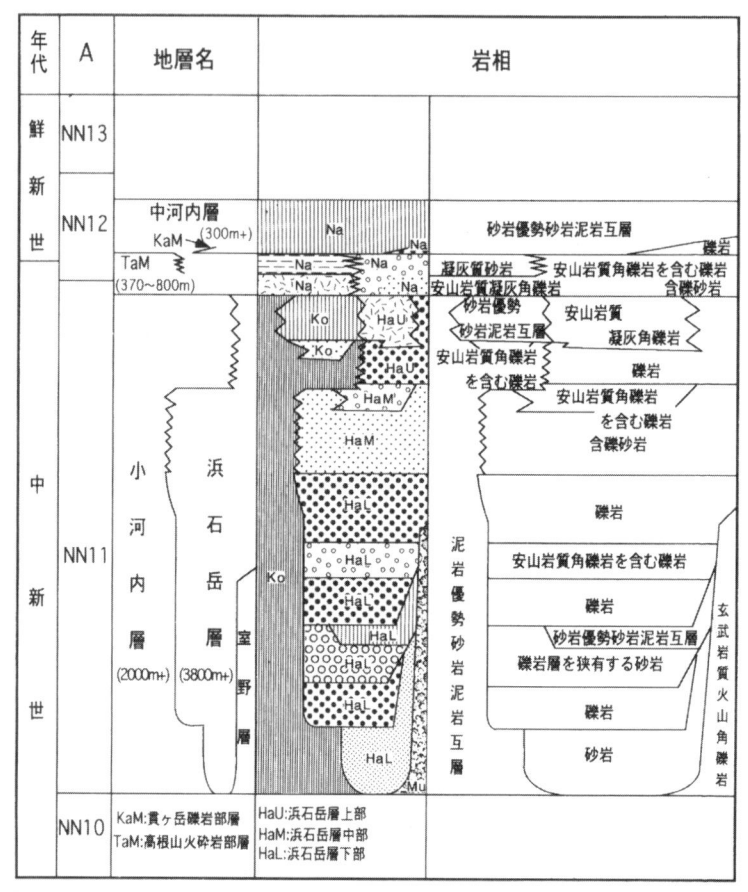

図 B-2-2 模式柱状図の例：南部フォッサマグナ浜石岳地区に分布する中新統トラフ充填堆積物の模式柱状図（金栗・天野，1995）．A：石灰質ナンノ化石帯

V．新たに命名あるいは再定義する層序単元（新単元）は，基本的に VI の 1〜9 の項目に定める手続きを踏まえて学術的出版物に公表した後，初めて有効な地層名と認められるものとする．

VI. 地層命名の手順

1. 地層名および層序単元

a) 地層の命名は「層（Formation）」を基本単元とする．「層」は「亜層群（Subgroup）」・「層群（Group）」・「超層群（Supergroup）」にまとめることができ，「部層（Member）」，「単層（Bed）」および「流堆積物（Flow Deposit）」に細分できる．

b) 地層の命名や再定義の際には，「流堆積物」・「単層」・「部層」・「層」・「亜層群」・「層群」・「超層群」などの単元名を明記する．英語表記の場合は地名，単元名および岩相名の頭文字は大文字とする．

c)「層」・「亜層群」・「層群」・「超層群」の名称は「地名＋単元名」とする．なお，「噴出岩体」や「変成岩体」などを除いて，岩相名を使用すべきでない．

d)「混在岩体」・「噴出岩体」・「変成岩体」・「貫入岩体」・「二次的移動集積物」などについては，「岩体（rock body）」を基本的に「層」と同格とみなし，単元名には，氷上花崗岩体（Hikami Granite）などのように，「地名＋岩相名」を使用してもよい．

e)「複合岩体（Complex）」は，「秩父複合岩体（Chichibu Complex）」などのように，「地名＋複合岩体」として命名・使用する．

f)「部層」については「広瀬川凝灰岩部層（Hirosegawa Tuff Member）」のように，単純で明確な特徴をあらわす岩相名を付し，「地名＋岩相名＋単元名」で命名する．

g)「単層」と「流堆積物」は最小単元である．ある「層（Formation）」中に認められる鍵層などのように特に有用なものは，「単層」として命名して使用することができる．その命名に際しては八戸凝灰岩単層（Hachinohe Tuff Bed）などのように「地名＋岩相名＋単元名」を連記することを基本とする．また，さらに火山灰単層の場合は十和田八戸軽石凝灰岩単層（Towada-Hachinohe Pumice-Tuff Bed）のように「地名」の前に「供給火山名」を付すこともできる．火砕流のような流れに由来する堆積物は，青葉山火砕流堆積物（Aobayama Pyroclastic Flow

Deposit) のように，「地名＋由来＋堆積物」とし，さらに溶岩流の場合は「流」と「溶岩」を同義語と判断し，草津安山岩溶岩（Kusatsu Andesite Lava）など「地名＋岩相名＋溶岩」として使用してもよい．これらの「単層名」や「流堆積物」・「溶岩」などの名称は，特に理由があれば，十和田八戸凝灰岩単層（Towada-Hachinohe Tuff Bed）や，草津白根安山岩溶岩（Kusatsu-Shirane Andesite Lava）など，火山灰単層のように，由来名などを付けてもよい．

h）命名に使用する地名は，模式地の名称に由来し，国土地理院発行5万分の1または2.5万分の1地形図に明記されている地名や自然地形（山・河川など）名を使って命名することを基本とする．また，地名にはローマ字表記を付す．

i）模式地に適切な地名のない場合は，より地域的あるいは広域的地名から選択し，上記の基本に準じた命名を行う．

j）命名の対象になる単元は，地質図に表現可能で露頭において明確に識別・追跡できる堆積体または岩体である．

k）同一の地名を異なる単元と組み合わせて使用することは不適切である．

l）名称変更・再定義の場合は，新称提唱と同様の手続きとともに，名称変更・再定義の学術的な理由を明確に記述することが必要である．

m）新単元名の命名においては，基本的にホモニム（異物同名）を回避すべきである．

n）掘削工事に伴う非恒久的露出やボーリングコアに基づく新単元の命名にも本指針を準用の上，国際層序ガイド第2版（1994，3章B2の特例勧告）に準拠すること．

2．研究史と背景

新単元の記載には，命名の対象となる単元について最初に定義・命名した著者名を明記し，その後の研究者の取り扱いとその評価を層序対照表などで明記する．

3．模式地の指定
a）模式地は，定義する単元の典型的な露出がある地点またはルートとする．その単元の上下の境界が模式地で設定できない場合は境界模式地を指定することが望ましい．また，複数の岩相が含まれている場合や岩相の側方変化などがある場合は副模式地を指定して記載する．
b）模式地の露頭が失われた場合には新模式地を指定することができる．また，境界模式地・副模式地・新模式地などの指定は模式地に準ずる．
c）模式地の指定にあたっては，地形図上の名称・恒久的地形または構築物からの距離・緯度経度など，他の研究者の容易な確認を保証するための情報をもりこむこと．また，地形図・地質図・地質構造図・柱状図・層序断面図・露頭写真などの図面情報をできるだけ添える．

4．諸模式地における層序単元の記載事項
新単元の記載にあたっては，その単元の厚さ（層厚）や岩相の特徴について明確に記述する必要がある．さらに，生層序単元など他の層序的特徴・地質構造・堆積構造・地形的特徴・上下あるいは側方に接する他の層序単元との関係・堆積環境（形成環境）など，できるだけ新単元の地質学的諸特徴について記載すること．

5．地層の側方・垂直変化
新単元を提唱する場合は，前項にあげたような諸特徴の側方変化などの地域的・広域的状態をできるだけ記載すること．

6．地質学的意義
新単元について，できるだけその地質学的な意義についての考察を行い，生成過程・続成作用・変質あるいは変成作用などについても可能なかぎり記載すること．

7．対比
新単元は，できるだけ他の関連する岩相層序単元との対比を行うこと．

8．地質年代
新単元の地質年代学的位置づけについて，できるだけその決定根拠となった資料に基づいて議論すること．

9. 文献

新単元について，これに関連した学術的文献を明示する．

B-2-4 いろいろな地質図

地質図は，その地域を構成する岩石や地層の性質，地質構造などにより，見かけ上もたいへん異なっている．以下に，特徴的な地質図の例をあげる．

新生代の海成砕屑岩類からなる地域（房総半島南端）

房総半島には，主として海成の砕屑岩類からなる地層が発達しているが，その中には特徴的な火山灰層が挟まっていて，鍵層（かぎそう，key bedの訳語）として追跡できる（図B-2-3）．鍵層を追跡することにより，地層中に同時間面を設定することが可能となり，地層の水平方向と垂直方向での変化を明らかにすることができ

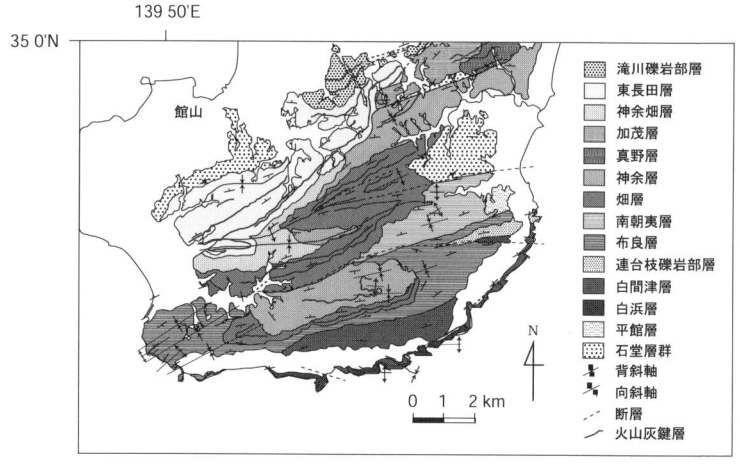

図 **B-2-3** 房総半島南端地域の海成上部新生界の地質図（岡田 誠原図，小竹（1988）を改変）

る．房総半島は，火山灰鍵層が丹念に追跡された地域としては，世界の中でも先端的な地域である．図では広範囲に追跡された鍵層を太い実線で示してある．

過去のトラフを充塡した粗粒堆積物からなる地域（南部フォッサマグナ浜石岳地域）

南部フォッサマグナ地域に属している富士川下流の浜石岳周辺には，フィリピン海プレートの沈み込みにともなう微小地塊の衝突によって隆起した後背地からもたらされ，トラフを充塡した粗粒堆積物が分布している．堆積後，激しい変形作用により褶曲している．この地域は当時，茨城大学生の金栗君が主として卒業研究で，100日以上の地質調査をおこなって地質図を作成した地域である．この地質図（図 B-2-4）では，同時期に堆積した地層が側方で変化している状態がよく表現されている．たとえば，万沢層は北東部の砂岩礫岩互層から南西部へ砂岩優勢砂岩泥岩互層へと変化している．これから，卒業研究で地質図を作成しようとする学生諸君にとってよいお手本となると思う．地質図の他に模式柱状図（図 B-2-2），地質断面図（図 B-2-5），各沢柱状図（図 B-7-4），ルートマップ（図 B-6-5）もあげておいたので，あわせて見ていただきたい．

関東地方の第四系（関東ローム）

関東地方の第四系は主として台地の縁にほぼ水平な地層として露出する．地層は台地の縁にだけ帯状に分布する点で，他の地域とはたいへん異なっている．本書では印刷の都合上，白黒の図で示してあるが，地形図上に色刷りで表現されたものを見ると，この特徴はいっそう顕著である（図 B-2-6）．

第四紀火山地域（秋田駒ヶ岳）

火山地帯の地質調査も，地層累重の法則にしたがって溶岩の新旧を判定するという点では，砕屑岩分布地域の調査と基本的な考え方は同じである．ただ，対象が溶岩およびそれに類似の岩石であり，

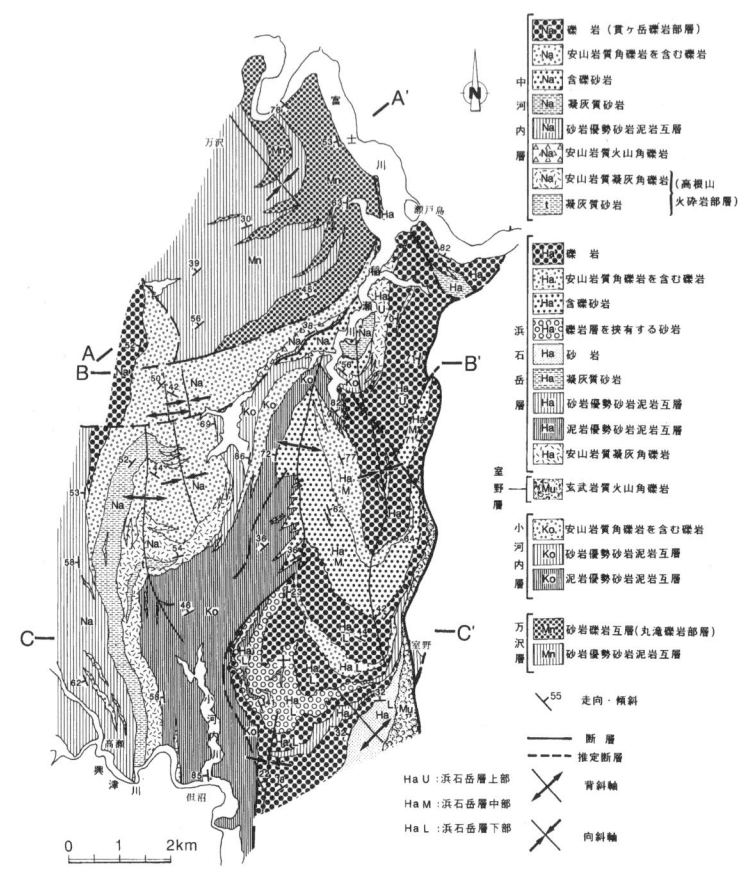

図 B-2-4 富士川地域南東部浜石岳周辺地域の地質図（金栗・天野，1995）

堆積岩のように広い範囲にわたって水平に堆積することはまれである．一般には，溶岩流を航空写真で認定し，地形図に記入した後に，現地調査によって新旧関係や岩相を確認していく．ここに示した地質図が堆積岩分布地域のものと大きく異なっていることに注意

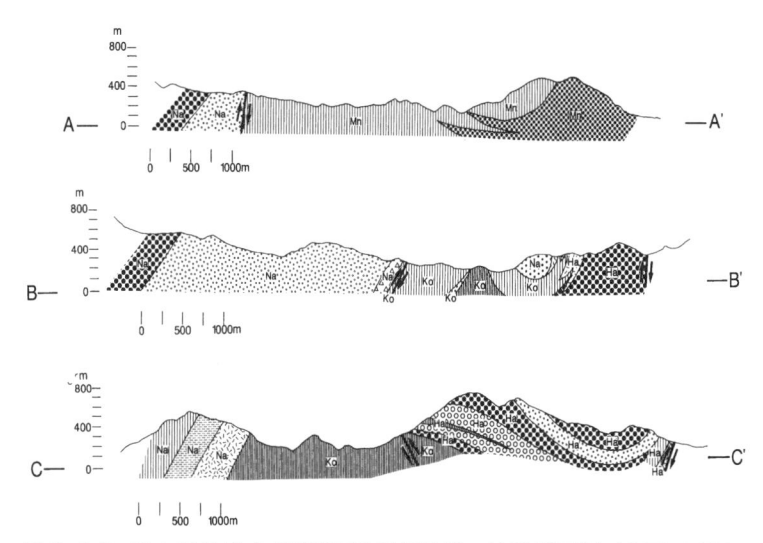

図 B-2-5 富士川地域南東部浜石岳周辺地域の地質断面図（金栗・天野, 1995）．断面の位置は図 B-2-4 に示す

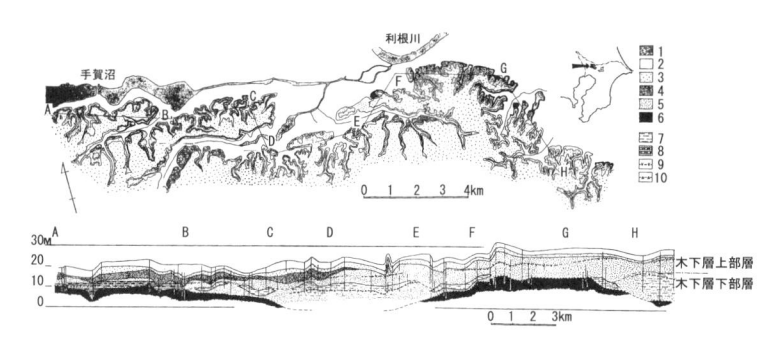

図 B-2-6 千葉県手賀沼周辺地域の地質図・地質断面図（下総台地研究グループ, 1984）：1．千葉段丘礫層，2．沖積層，3．常総粘土層，4．竜ヶ崎砂層，5．木下層，6．上岩橋層，7．塊状シルト層，8．砂泥薄互層，9．アリタマ軽石，10．黒色火山灰層

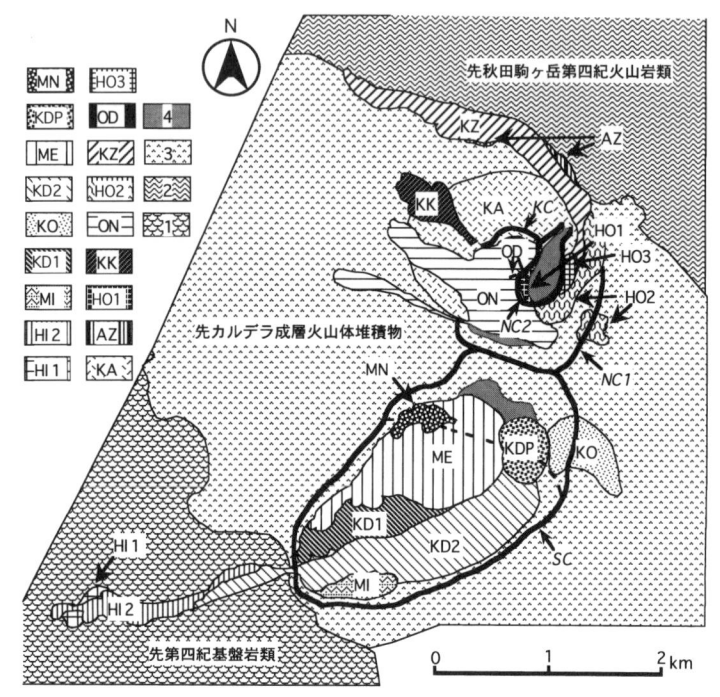

図 B-2-7　秋田駒ヶ岳火山，後カルデラ期噴出物の地質図（藤縄明彦原図）．略号：1=第三系の基盤岩類，2=秋田駒ヶ岳火山に先行した第四紀火山岩類，3=秋田駒ヶ岳火山，成層火山形成期噴出物，4=非火山性堆積物，KA=片倉岳火砕丘，AZ=赤倉沢火砕流堆積物，KK=片倉岳北溶岩流，HO1=北部第1火砕丘，ON=男女岳溶岩流および男女岳火砕丘，HO2=北部第2火砕丘，KZ=片倉沢溶岩流，OD=男女岳岩脈，HO3=北部第3火砕丘，*NC1*=北部第1馬蹄型火口，*KC*=片倉岳火口，*NC2*=北部第2馬蹄型火口，HI1=桧木内川第1溶岩流，HI2=桧木内川第2溶岩流，MI=南岳噴出物，ME=女岳火砕丘および女岳溶岩流，KD1=小岳第1溶岩流，KD2=小岳第2溶岩流，KO=小岳大焼砂噴石堆積物，KDP=小岳火砕丘，MN=女岳1970年溶岩流，*SC*=南部カルデラ．実線はカルデラあるいは火口壁，破線はカルデラ底に推定される段差の位置を示す

していただきたい（図 B-2-7）．

特殊なテクトニクスを被った地域（八溝山地）

　日本列島に分布する中生代の地層の多くは，日本列島下に沈み込むプレート上に堆積した地層が，プレート沈み込みにともなって剝ぎとられて沈み込まれているプレートの縁に付加したものと考えられるようになってきた．雪かきで雪をかくことにたとえられる．地質図上では，パイル上に剝ぎとられた地層が断層を境として何枚も繰り返し重なっている（図 B-2-8）．この地域では，従来の概念による岩相層序単元の認定ができない．現在，このような付加体についての層序単元の認定法について検討されている．なお，付加体の研究は，日本が世界をリードしている研究分野である（本シリーズ第 5 巻参照）．

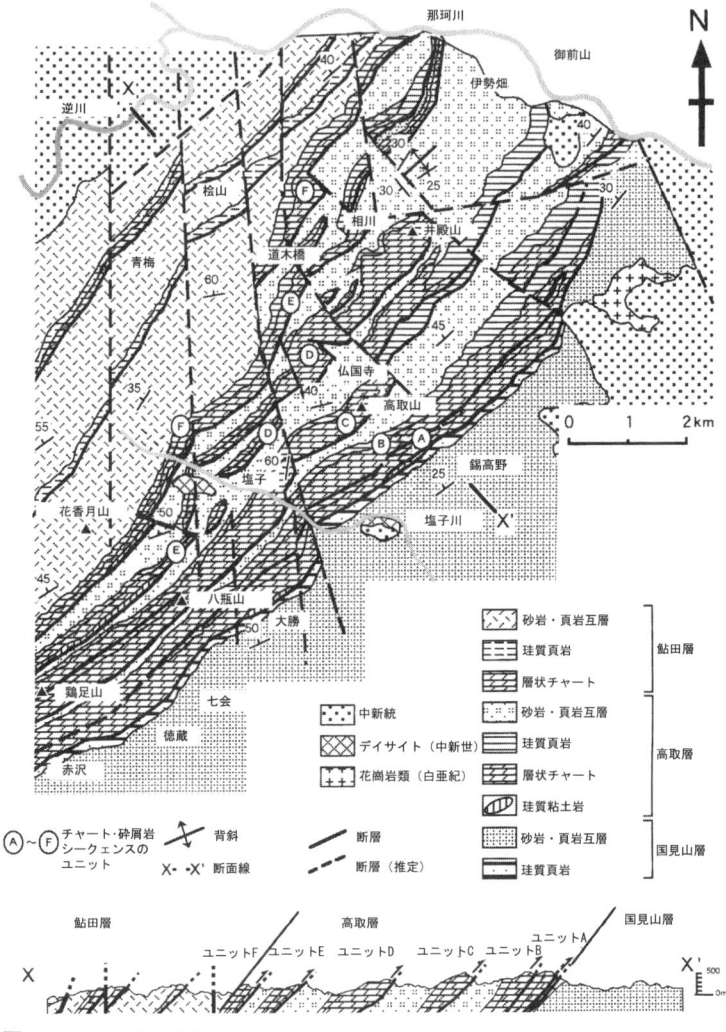

図 B-2-8 八溝山地北部鶏足山周辺に分布する中生代付加体の地質図・地質断面図（笠井ほか，2000）

B-3　露頭を観察する

　フィールドジオロジーでの主要な作業は，地表に露出している岩石や地層の観察である．岩石や地層が露出しているところを露頭とよんでいる．野外調査は露頭を発見するところから始まる．一般的に思いつく露頭は，道路の切り割り，造成地，石切場，建物などの工事現場などで人工的につくられたものである．新鮮な岩石や地層が観察できる良好な露頭であることが多い．しかし，これらは工事などの進行とともに短時間に消滅してしまうことも多いので，タイミングよく調査することが必要となる．天然に存在する露頭としては，谷に沿った崖や河床面などで，それらが調査の主要な対象となる．

　日本列島の場合，平野部を除けば，谷沿いの露頭はきわめて良好である．筆者が学生のころ，乾燥地帯に比べて日本列島は植生が豊かなためフィールドジオロジーにとっては場所的に不利であり，国際的に勝負するにはハンディーがあるという意見をよく耳にした．外国での調査経験を経てみると，これは必ずしも真実ではなかった．日本の山岳地帯の河川は急流で水量も多いため，露頭はよく磨かれており，露出はきわめて良好であるとともに連続的でもある．乾燥地帯の露頭は規模は大きいが，風化のためぼろぼろで，我が国の露頭の状態と比べてどちらが有利かは簡単には結論できない．露頭における高い観察精度が要求される最近の研究動向の中では，日本の自然条件はむしろ有利に働く．ちなみに，最近では，日本の地の利を生かした精密なフィールドジオロジーの成果が世界に発信されている．

ここでは，まず露頭へのアプローチ法について述べる．最低限の知識をもっていないと，調査中に大きな事故を起こし，大けがのもとになる．不幸にして調査中に命を失った地質家がいることを肝に銘じておきたい．

B-3-1 沢の歩き方

日本列島ではよい露頭は沢に多く，フィールドジオロジーの中心的な舞台となることが多いので，沢の歩き方の基本を述べよう（図B-3-1）．

沢登りは登山技術の中でも高級な部類になる．どんな小さな沢でも侮ってはならない．まず，注意することは，雨の降っている時には決して沢に入らないことである．天気予報への注意を怠らずに，雨の降る可能性のある場合は沢に調査に入らない．調査途中でも雨が降ってきた場合は，すぐに引き返す勇気が必要である．大きな山地では，小さな沢でも降雨があると急激に水かさが増しきわめて危険である．筆者が初心者として調査を始めた頃，奥羽脊梁山脈に調査に入り沢の奥で雨にあった．急いで引き返したにもかかわらず，沢の入り口付近にたどり着いた時には増水し，行く時に渡れた浅瀬がすべて渡れなくなっており，途方に暮れてしまった経験がある．その時には命の危険も感じた．一日で調査しきれない長い沢の調査で途中で野営したところ，夜中に雨が降ってきて，あっという間に増水のためテントが水浸しになったという学生もいた．沢ぞいで野営する場合，安全な場所を選ぶことも大切である．

晴れた日でも，渡河には十分な注意を払わなければならない．まずは渡河する場所を決めることが第一である．波が立っている瀬の部分は浅いところである．流れの早さが渡河にとって十分安全と判断した後に渡河する．流れが緩そうに見えるところは淵になっていて深いことが多い．淵を迂回する場合，なるべく水際を歩くように

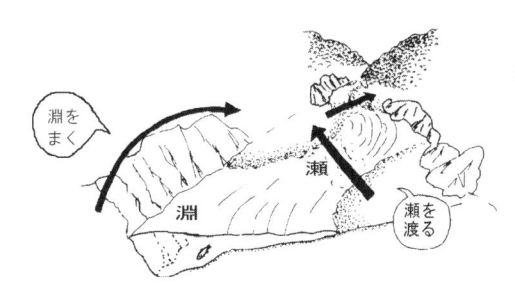

・瀬から瀬へ
　流れを侮ってはいけない。

　浅い所を選んで渡る。

＊ 安全な渡河

・流れにやや斜交するように上流側を向く。
・靴底や杖で川底を探り安全を確かめる。
・靴底をなるべく川底から離さないように横歩き。

足を交差させないように
そろそろと対岸へ

流れが速い所で水中の大きな石の傍を渡る時は石の上流側を渡る。

図 B-3-1　安全な沢の歩き方

気をつける．無意識のうちに水際から離れ高いところを歩いていることがあるが，落下した時は危険である．淵がたいへん深くて流れも速い上，脇の崖が急で危険と判断される場合は，時間がかかっても大きく迂回することも必要である．渡河のコツを図 B-3-1 に示しておいたので参考にしてほしい．

　山岳地帯の調査で避けられないのが滝まきである．火山岩などの固い岩石が露出しているところは滝になりやすい．したがって，日本列島のフィールドワークではしばしば滝に出くわすことがある．

*必ず「三点支持」で
・手、足（時に頭）どこか三点は体を固定できているようにしておく。

*何とか登った所は降りられない
・何とか降りたところも登れない。
・急な沢や斜面を登坂、下降ルートとする時は、無理をせずに迂回ルートも考えておく。

図 B-3-2　斜面の安全な登り方

滝を直登するにはたいへん高級な技術を要する．地質調査では滝の直登は避けたい．滝の脇を大きくまいて滝の上流にでるようにしたい．滝まきで崖を登る時には，三点支持を忘れずに安全に登ることが大切である（図 B-3-2）．なお，無理をして登った崖は降りられないことが多い．また，登ったことのない崖を降りることは一般に難しい．したがって，山岳地帯の沢を上流側から調査することは危険である．調査計画をたてる際，考慮すべき点である．

露頭観察中に斜面崩壊が起こると命にかかわる．露頭観察にあたっては，露頭の様子をよく見て斜面崩壊の前兆を見つけたら，近づかないようにする（図 B-3-3）．

B-3-2　危険な動物・植物

フィールドに調査に出かけることは，ある意味では身体ひとつで

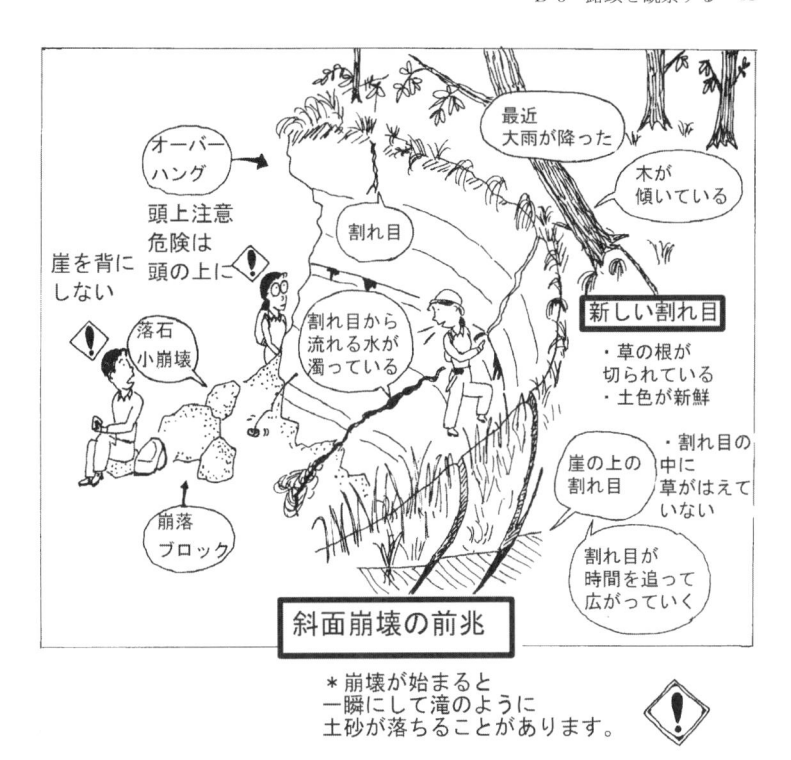

図 B-3-3 斜面崩壊の危険性

自然の中に飛び込むことである．われわれは自然との一体感を味わうことができるかもしれないが，自然の中に暮らしている動物や植物からしてみると侵入者でもある．そして，思わぬ反撃を受けることがある．その危険を避けるとともに自然の保護にも気を遣いたい．

ここでは，筆者や学生たちが遭遇した危険な動物・植物について例をあげておくので，参考にしていただきたい．

（ケース１）薮の中にいたまむしに噛まれ，腕が腫れ上がり高熱

を発した.

（ケース2）沢の中で突然熊に遭遇, あわてて逃げる. 筆者の場合, 幸いにおそわれなかったが, 実際におそわれてケガをした地質家もいる.

（ケース3）沢の中で猪が突進してきた. とっさに横に跳び衝突をさけた.

（ケース4）アブに刺されたが, 刺され続けながら調査を続けた. その晩, 全身が腫れ上がり発熱した.

（ケース5）ヒルに噛まれ, 下半身血まみれとなる.

（ケース6）薮をこいでいる最中に毒蛾がズボンの中に入り, 足に炎症を起こした.

（ケース7）調査終了後, バイクに乗っていて顔面を蜂に刺された. 顔がパンパンに張れ上がり, 高熱を発した.

（ケース8）ダニに刺される. 手でむしり取ったら, 頭が皮膚の中に残ってしまった.

（ケース9）暑かったので, 袖をまくったままで薮に入った. イラクサにさわって腕がただれた.

これらは, 調査中, 比較的起こりやすいケースである. 具体的な対処法は日本自然保護協会（1982）などを参考にして欲しい. なお, エキノコックスをはじめ極めて危険な寄生虫などもいるので, 調査に入る前に調査地域の状況について情報を得ておきたい（三田, 1998）. また, 海外で調査をおこなう場合は, 国内では予想もつかない感染症にかかることもあるので十分注意したい（宮治, 1996）.

B-3-3　調査時のモラル

日本列島では無人地帯はほとんどない. 調査に入る場合, 第三者との関係が自動的に生じていることを意識すべきである. 調査にあ

図 B-3-4　野外調査にあたっての基本的ルール

たっては，最低限のルールを守り地元の人々に迷惑をかけないことが必要である（図 B-3-4）．以下に最低限の注意項目をあげる．
① 地元の人には必ず挨拶をし，質問には誠意をもって応える．
② 立ち入りが禁止されている場所には原則として入らない．どうしても必要な場合は，許可を得る．
③ 車で調査に行き駐車する場合，迷惑がかからないよう万全の注意をする．なお，車に「地質調査中」といった掲示をしておくと，不審がられない．

④ 畑や水田などに不注意に立入って荒らさない．
⑤ 試料の採集などにより自然破壊をしない．とくに人家や道路脇の露頭を大規模に崩すようなことをしてはならない．
⑥ ハンマーの使用が禁止されているところでは，ハンマーを使用しない．そのようなところではハンマーをリュックサックなどに収納して調査を進める配慮も欲しい．

B-3-4 ルーペの使用法

　ルーペは，フィールドジオロジーにとっては必需品である．簡単な道具ではあるが，その使用によってフィールドでの観察力は肉眼だけによる観察より数段あがる．肉眼だけではわかりにくい鉱物，微化石，堆積岩の粒径や微細構造，火山岩・変成岩の組織等々の認定が可能になる．鉱物粒子を例にとってみると，色，形，劈開面の特徴などをルーペで観察することにより，ある程度はフィールドで鉱物鑑定が可能である．サンプルすべてを室内に持ち込んで顕微鏡などで詳しく調べなければそれが何かを認定できないようだと，フィールドジオロジーはできない．精度の限界をきちんと意識した上でルーペによる観察を積極的におこなうことにより，フィールドワークは内容の豊かなものになる．

　ルーペの倍率は普通10倍から20倍程度で折りたたみ式の小型のものが便利である（図B-3-5）．倍率が大きくなれば，それだけ詳細な観察が可能であるが，視野は狭くなる．筆者は10倍のものを使っている．ひもをつけて首からさげるか，調査鞄のいつでも取り出せるところに入れ，おっくうがらずに頻繁にルーペをのぞく習慣をつけよう．ルーペは目にぴったりつけて観察する．なるべく視野を広くして明るく見るためである（図B-3-6）．

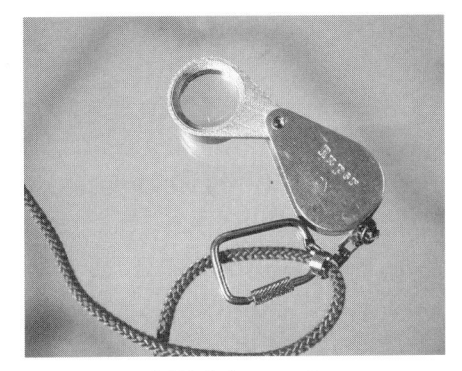

図 B-3-5　ルーペ

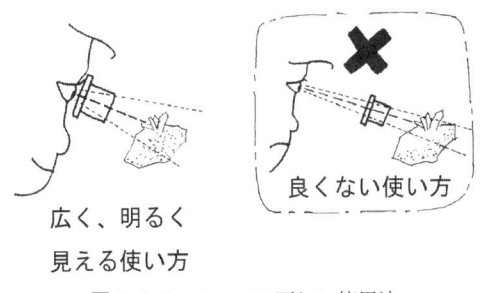

広く、明るく
見える使い方

良くない使い方

図 B-3-6　ルーペの正しい使用法

B-3-5　観察のポイント

　筆者が地質調査を始めたころ，露頭で何を見たらよいかと指導教官に尋ねたところ，「すべてを見ろ！」といわれた．今から考えてみると，それは露頭からできる限り情報を読み取れという忠告だったのだと思う．露頭で何を見るかは，指導教官の調査姿を盗み見ながら自ら悪戦苦闘して見つけていくというのが，古典的野外調査指導法であったような気がする．まさに職人の世界であった．しかし，今考えてみると効率よく楽しみながらフィールドジオロジーの

実力を養うというやり方のほうが効果的だと思われる．自然を楽しむ余裕の中から新しいアイデアが生まれることも多いのではなかろうか．本シリーズの基本的な精神は「涙なしのフィールドジオロジー」である．

さて，実際に調査するにあたっては，調査対象の岩石や地層の違いや調査目的により，露頭で何を観察するかは大きく異なる．本シリーズの2巻から9巻で，対象物・目別に観察のポイントがわかりやすく述べられているので，具体的にはそれらを参考にして練習してほしい．ここでは露頭観察の基礎的なポイントのみを観察の手順にしたがって述べる．

① 露頭の信頼性のチェック．露頭全体が地滑りで転位していることがあるので，そのチェックが必要である．とくに周辺と非常に異なった走向・傾斜を示していたり，開口性の割れ目がたくさん入っていたり，露頭の上の樹木が倒れかかっている場合は，その露頭は地辷りなどで転位している可能性が大きい．ちなみに，慣れないうちは盛土や鉱山のズリですら露頭と間違えてしまうことがある．

② 場所の確認．露頭の位置を地形図やGPS（図B-1-1参照）などで確認し，地形図やルートマップ上に記録する．露頭の位置を間違えて記述してしまうと，後で訂正は不可能である．再度確認に行くしかない．慎重に露頭位置の確認をする必要がある．

③ 露頭全体の観察．まず，露頭の大きさを見る．水平的な広がりと高さを見積もる．

④ 露頭全体の構造を観察する．層理面，断層，褶曲など露頭全体を支配している構造を読み取る．この時点では露頭から離れて観察すること．

⑤ 露頭に近づき，層理面や断層面などの計測をおこなう．

⑥ 岩石の種類を特定するとともに，堆積構造や火山岩の流理構造，変成岩の片理など，より詳細に観察する．
⑦ 岩石試料や化石の採取をおこなう．
⑧ 必要に応じて写真撮影をおこなう．

　一連の露頭観察中に注意すべきことは，周辺の露頭との関係を立体的に頭の中に描くことである．とりわけ，地層や岩石の上下関係を推定することが必要である．現場である程度の見当をつけないと，室内に戻ってからでは関係の復元は困難なことが多い．極言すれば，野外で岩石や地層の3次元的な位置を復元することはフィールドジオロジーの目的ともいえる．この能力を身につけることは一流のフィールドジオロジストへの第一歩である．

B-4 走向・傾斜をはかる

　フィールドジオロジーでは，地層や断層などの3次元的な姿勢を認識することが重要である．この能力が身につかないと，フィールドジオロジーは理解できないと断言してもよい．地質調査で認識すべき構造は，単純化すれば「面」と「直線」である．ここでは，面と直線の測定法とその記載法を述べる．

B-4-1　面構造の表現法

　地質学では平面の空間的な配置を「走向」と「傾斜」によって表現する．走向と傾斜の関係を図 B-4-1 に示す．走向は対象となる面と水平面との交線である．傾斜は走向に直交する面内における水平面からの角度である．この2つの値によって3次元での面の姿勢は確定する．

　走向は北からの角度で表現される．角度のはかり方は，東まわりと西まわりの2通りがあるが，鋭角をなす方向に測定するのが一般的である．たとえば走向線が北から東に 30 度であった場合，N 30°E と表現する．もし，西に 40 度の向きであれば N 40°W と表す．

　傾斜は走向に直交した方向での水平面からの角度と傾斜の向きによって表される．傾斜の向きは走向線を基準にして面が東に傾斜していれば E をつけ，西に傾斜していれば W をつけて表現する．50°E あるいは 45°W と表記する．より正確に表すために 50°SE（走向が東向きのとき）と表記する場合もあるが，傾斜は走向に対して直角方向であることから，2つの向きしかありえない．そのどちらかであることが区別されればよいことから，単に E，W の区別だ

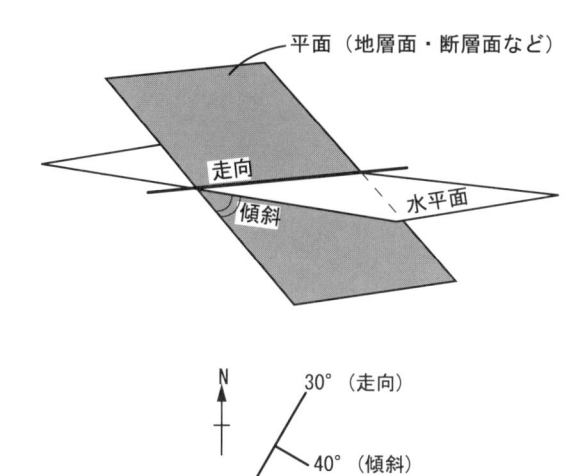

図 B-4-1 平面の走向と傾斜．地質図やルートマップでの走向と傾斜の記述法

けでもよい．ただし，走向が東西に近い場合には，N，S の表示法がわかりやすい．

　最終的にはこれら 2 つの値の組合せによって面の姿勢は表現できる．すなわち，N 30°E/50°SE といった表現になる．この表現法は地質学独特の表現法なので最初はとまどうかもしれないが，なるべく早く慣れ，この表記を見ただけで頭の中に面の位置が浮かぶようになることが大切である．フィールドジオロジーでは，つねに地質構造を立体的に頭の中に描きながら調査を進めることが肝心である．

　上で説明した記述法は日本では一般的におこなわれている方法であるが，外国の例や特殊な研究の場合，時計まわりに走向を測定する方法もおこなわれている．たとえば，走向が北から時計まわりに 230°で傾斜が東に 40°の場合，230°/40°NE と表現できる．これは，上記の方法による記述，N 50°E/40°NE と同等である．とくに外国

の文献を読む場合には,どのような表記法がとられているかを確認することが必要である.ルートマップや地質図上への表現は,T字様の記号で表す(図B-4-1の下の図).

B-4-2　線構造の表現法

　線構造は,それを水平面に投影した方位(トレンド)と水平面からの角度(プランジ)によって表現される(図B-4-2).トレンドは,北あるいは南を基準として東あるいは西への角度によって表される.たとえば,N 40°W/60°は北から西に40°のトレンドで水平面から60°北西に落ちていることになる.同様に,S 30°E/20°はトレンドが南から東に30°で,20°南東に落ちていることを表している.

　線構造の場合も走向と同様に時計まわりの角度で表現する場合もある.この方法で表現すると上記の二例は,それぞれ320°/60°,150°/20°となる.

　なお,傾斜面上に線構造が認められる場合,その傾斜面の走向から測定した角をレークとよぶ.傾斜面上の線構造を表す場合によく使われる.図B-4-3に,一般的に使われている線構造の表現法を

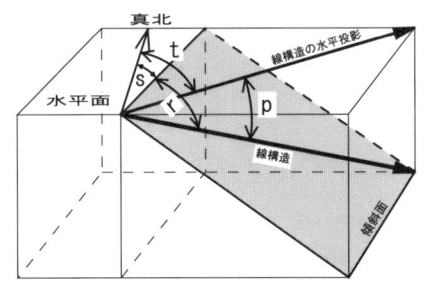

図 B-4-2　空間における線構造の表現法.t:トレンド,p:プランジ,r:レーク,s:傾斜面の走向

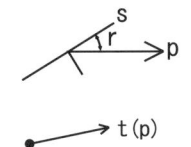

図 B-4-3 線構造の記述法．t：トレンド，p：プランジ，r：レーク，s：傾斜面の走向

あげておく．上は傾斜面の走向・傾斜の上に線構造をレークを使って表したもので，下はトレンドを矢印で示し，プランジをかっこ内に記した表現法である．

B-4-3　クリノメーター

フィールドにおいて面構造や線構造を測定するのに用いられる道具はクリノメーターである．日本でもっともよく使われているのが板付きクリノメーターである．木製の板の上に磁針と水準器が取り付けられている．もっともシンプルであるとともに安価である．

板付きクリノメーターの主要部分を図 B-4-4 に示す．走向は磁針の周りについている外側の目盛りで読み取る．図の場合は N 45°W と読み取ることができる．この場合，実際の走向線は磁針から 45°反時計回りの目盛の 0 の方向である．向きを読みかえる煩わしさをなくすために，目盛板の E と W が逆になっている．傾斜は内側の目盛りで読み取る．

B-4-4　面構造の測定法

ここでは地層面を例にとり面構造の走向・傾斜の測定法を説明する（図 B-4-5）．
① 地層面の平らな部分を選んで直接クリノメーターをあてる．
　クリノメーターについている水準器によりクリノメーターの

54　B　実践編

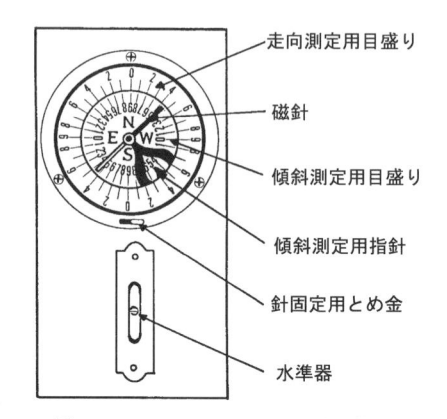

図 B-4-4　クリノメーターの主要部分

- 走向測定用目盛り
- 磁針
- 傾斜測定用目盛り
- 傾斜測定用指針
- 針固定用とめ金
- 水準器

この場合は
N60°E（北から60°東）
と読む

この場合は25°E
（東に25°傾斜）

内側の目盛りを読む

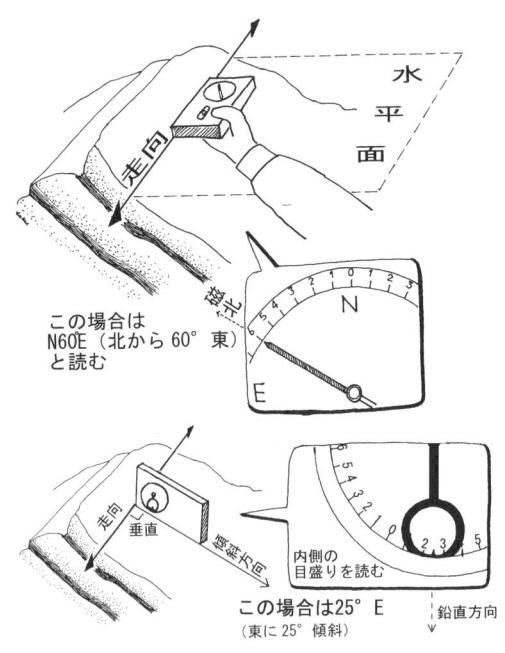

鉛直方向

図 B-4-5　クリノメーターの使い方

面を水平に保って，長辺が走向線に一致するようにする．目盛りの読みかたは上記のとおりである．なお，ここで読み取った走向は磁北からの角度である．地形図に記入する場合は偏角の補正が必要である（偏角補正については§B-1-2参照）．フィールドノートに記入する場合は，測定値をそのまま記入するようにしたい．補正値をフィールドノートに記入すると，誤った補正をした場合や補正を忘れた場合，もとに戻せなくなる．偏角は地域によって異なるので，地理的に離れた場所の調査を同時におこなう場合など誤った補正をしてしまう可能性は大きい．

② 走向を測定し終わったら，クリノメーターの長辺が走向に直角になるように面上に立てる．指針が止まるのをまって内側の目盛りで傾斜を読み取る．よく針固定用のとめ金を用いて指針を止めてからクリノメーターを水平にして目盛を読む人がいるが，これは避けるべきである．指針が完全に垂直方向を指すまえに強制的に止められることがあり，正確な傾斜角が読み取れない．

B-4-5 線構造の測定法

ここでは，平面上にある線構造の例として砂岩層の下面についているフルートキャストを例にとって説明する（図 B-4-6）．フルートキャストは水流によってえぐられた細長い溝が，その上に堆積した砂などに埋められて形成される．上に堆積した砂起源の砂岩層の下面に発達する．その長軸の方向が水流の方向を示す．

まず，フルートキャストのついている層理面の走向・傾斜を測定する．その際，走向線を層理面上になぞっておく．油性ペンやデルマトグラフなどを使うと手軽に走向線を描くことができる．計測する線構造も油性ペンなどでなぞっておく．分度器（透明で小さめの

56　B　実践編

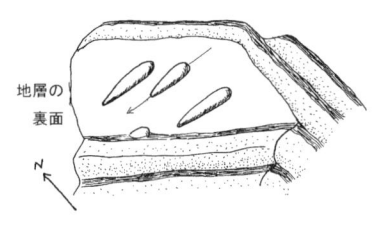

フルートキャスト（流痕）の例

下位の地層を水流がえぐった痕.
膨らんだ伸びた形をしている.
地層の下面に突き出している.
伸びた形の一端は丸く、もう一端は尖っている.
上流側が丸くなる. フルートキャストの方向を測って水流の方向を考える.

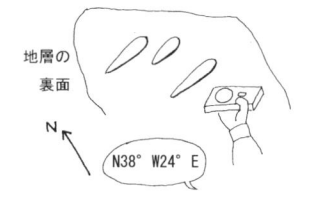

層理面の走向傾斜をまず測ろう.
裏側から測る時も使い方は同じ.

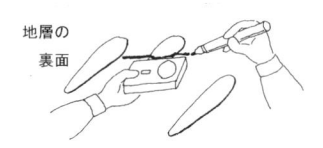

N38°W24°E

クリノメーターを利用して水平の線（走向線）を引く.

測る構造の軸の伸び方向にも線を書き入れる.

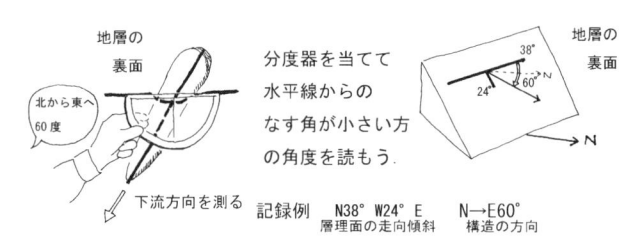

分度器を当てて水平線からのなす角が小さい方の角度を読もう.

北から東へ60度

下流方向を測る

記録例　N38°W24°E　　N→E60°
　　　　層理面の走向傾斜　　構造の方向

図 B-4-6　面上の線構造の測定法（フルートキャストを例として）

ものが便利）で走向線と線構造とのなす角を測定する．小さいほうの角（レーク）を測定する．記録としては，たとえば N 38°W/N

図 B-4-7　ユニバーサルクリノメーターによる線構造の測定

→ E 60°のように表現する．

　直接，トレンドとプランジを測定する場合は，走向板（後出）やフィールドノートなどを線に重ねて垂直に立てて，クリノメーターでその走向をはかれば，それがトレンドである．プランジはクリノメーターの長辺の一辺を線上において垂直に立てて測定すればよい．

ユニバーサルクリノメーターの使用法：線構造のトレンドとプランジを直接測定する道具にユニバーサルクリノメーターがある（図B-4-7）．写真のように長辺を線構造にあてて，板を垂直に立て，磁針でトレンドを，磁針の入ったドラムの下についている針でプランジを読み取る．高価ではあるが，大量に線構造を測定する場合には便利な測定器である．

B-4-6　深田式クリノコンパスのさまざまな使用法

　深田式クリノコンパス（図 B-4-8）は，クリノメーターに鏡，のぞき穴，スリットが付属した計測器である．一般にはクリノメータ

図 **B-4-8** 深田式クリノコンパス

ーと同じ目的で使用されが，工夫するとハンドレベルとしても使用でき，狭い範囲の簡単な測量をすることができる．以下にいくつか使い方を説明するが，これ以外にもいろいろな使い方があるかもしれない．読者自身で工夫してみてほしい．

正確な方位の計測

普通のクリノメーターを体の正面で真っ直ぐかまえて，目標の方向を真っ直ぐ向けば方位が測定できる．しかし，あまり高い精度は期待できない．その点クリノコンパスをうまく使うと，比較的精度の高い方位の測定が可能になる．図 B-4-9 のようにクリノコンパスの鏡面を 135°程度開き，反対側についている照準器を垂直に立てる．照準器のスリットを通して鏡に対象物が映るようにする．その像が鏡の中心の直線と一致するようにコンパスの向きを調節する．このように調整した後に方位を読み取る．

仰角の計測

クリノコンパスを縦にもち，鏡面を約 45°開く．照準器の下にあいている小穴から鏡面の下のスリットのところにある照準を通して

図 B-4-9 クリノコンパスによる方位の測定

図 B-4-10 クリノコンパスによる仰角の測定

目標物をねらう．鏡に映った傾斜測定用指針で仰角を読み取ることができる（図 B-4-10）．目標物までの水平距離がわかれば，比高を計算することができる（図 B-4-12 上）．

ハンドレベルとしてのクリノコンパス

鏡面を約45°開いたクリノコンパスを目の前に水平に構え，のぞき穴から目の高さにあるものに照準を合わせる（図 B-4-11）．鏡に

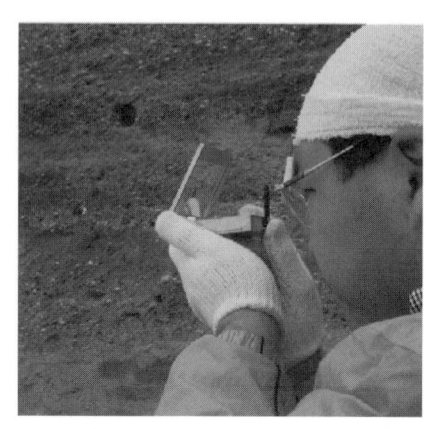

図 B-4-11　クリノコンパスをハンドレベルとして使用する

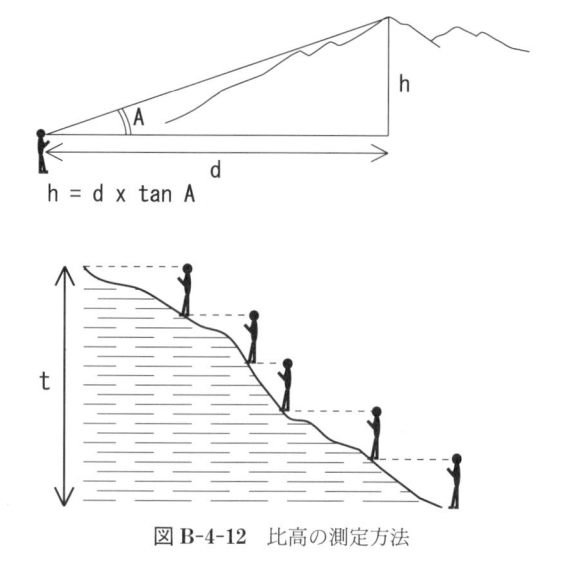

$$h = d \times \tan A$$

図 B-4-12　比高の測定方法

映った磁針を読み取ると，それが標的の方位である．現在の地点と目標との比高は，測定者の目までの高さとなる．斜面に沿って，目標物までこの作業を繰り返して登り，計測した回数に自分の目までの高さをかけると目標物までの比高（t）がわかる（図 B-4-12 下）．このような比高測定のほかに，方位と距離が測定できれば，狭い範囲であれば等高線の入った簡単な地形図を作成できる．局所的な地形・地質を詳しく記載したい場合などに便利である．

B-4-7 走向・傾斜測定応用編
走向板の使い方

地層面の走向・傾斜を測定しようとしても，きれいな地層面の露出がなかったり，面をハンマーなどでたたき出せない場合が結構多い．その場合，走向板を利用すると正確な測定が可能になる．走向板の一例を図 B-4-13 に示す．アクリル板やアルミ板で自作する．1 つの角を落としておくことが，使いやすくするためのポイントである．

図 B-4-13 走向板．右がアルミ板製，左がアクリル製．大きさはフィールドノートと同じ大きさが便利

図 B-4-14　走向板の使い方

　地層面が平面として露出していない場合は，断面で地層面のトレースを探す．図 B-4-14 のように異なった方向の 2 つの面上でのトレースを見つけ，そこに走向板をあてると走向板の面が擬似的な層理面となる．なお，2 つの面が鈍角をなして交わることも多いが，その場合は走向板の角を落とした部分を使う．

見通して走向・傾斜をはかる

　露頭の前に川があって露頭に近づけなかったり，地層面上に凹凸があって直接クリノメーターをあてて測定すると不正確な値になる場合，離れた場所から露頭を見通して走向・傾斜を測定する方法がある．直接クリノメーターを露頭にあてた場合に比べて，平均的な走向・傾斜が得られる（図 B-4-15）．

① 海食台など水面上に地層が露出している場合：水面と地層との交わりの方向をまたいで，クリノメーターを真っ直ぐにかまえて走向を読む．傾斜は正面に露出している層理面の向きにクリノメーターの長辺を合わせて読めばよい（左図）．

② 川の対岸などの露頭の場合：地層面が露頭面上で飛び出して

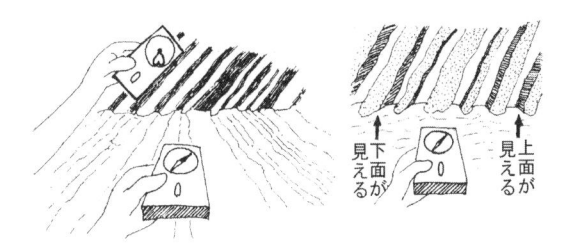

図 B-4-15 遠くから見通して走向・傾斜を測定する方法

いるところを探す．正面の露頭をまっすぐながめ，そのまま左右に移動しながら地層面が1つの直線となって見える位置を探す．その場所で体の正面にかまえたクリノメーターの方向が地層の走向になる．傾斜は①の場合と同じようにして読み取ればよい（右図）．

B-5 フィールドノート・写真に記録する

B-5-1 フィールドノート

 野外調査における代表的記録媒体がフィールドノートである．地質学に限らず，人類学や地理学など野外調査を中心とする学問では，フィールドノートが大切な記録媒体である．たとえば，泉（1967）は人類学に関する随筆をまとめた本を「フィールドノート」と命名している．

 一般的には，持ち運びに便利なB6判以下の大きさのノートが使われることが多い．表紙がかたく，多少乱暴な扱いにも耐えるものを選びたい．スケッチを描くためにも，方眼（たとえば2mm方眼）が切ってあることが望ましい．やや値段ははるが，防水紙で作られているフィールドノートもあるのでいろいろ試してみるとよい．図B-5-1に筆者らが使っているフィールドノートを示す．同型のフィールドノートが地質学会に用意されている．

B-5-2 一般的な調査の場合のフィールドノートへの記録

 フィールドノートへの記載も目的に応じて異なる．特別な場合の記載法は次の項で述べるが，ここでは概査などで露頭全体を観察する場合について説明する．まず，記載の第一歩は露頭のスケッチである．初めて調査をする学生諸君にスケッチを書かせると，ほとんどの場合，「美術的」なスケッチを描く．露頭の出っ張りに応じて「カゲ」をつけて立体感を出そうとしたり，周辺に生えている草木をリアルに描いたりする．その結果，できあがったスケッチは学術的には役にたたない代物となってしまう．調査者が目的に応じて重

図 B-5-1 フィールドノート

要と判断した科学的な事実を表現するものを，フィールドジオロジーではスケッチという．ここでもう一度，§B-3「露頭を観察する」の項目で述べたことを思い起こしていただきたい．それにしたがって，以下にスケッチの取り方の基本的な手順を示す．図 B-5-2 にスケッチの一例を示す．

① 露頭の大きさの記載．まず，観察対象とした露頭全体の形をフィールドノートに書く．この場合，縦と横の比は 1 : 1 とする．調査の目的に応じて，目の前にある露頭全体を観察の対象とするか，一部を対象とするかを決める．

② 露頭全体の構造を決めている要素の記載．堆積岩の露頭の記載では，層理面がもっとも基本的な構造要素である．層理面で境されている異なった岩相を記載する．各岩相の厚さも測定して記入する．なお，褶曲している場合，それがわかるように書く．断層がある場合は，層理面が断ち切られているところで，断層による岩相のずれを記載する．層理面や断層面の走向・傾斜は重要な情報である．

66　B　実践編

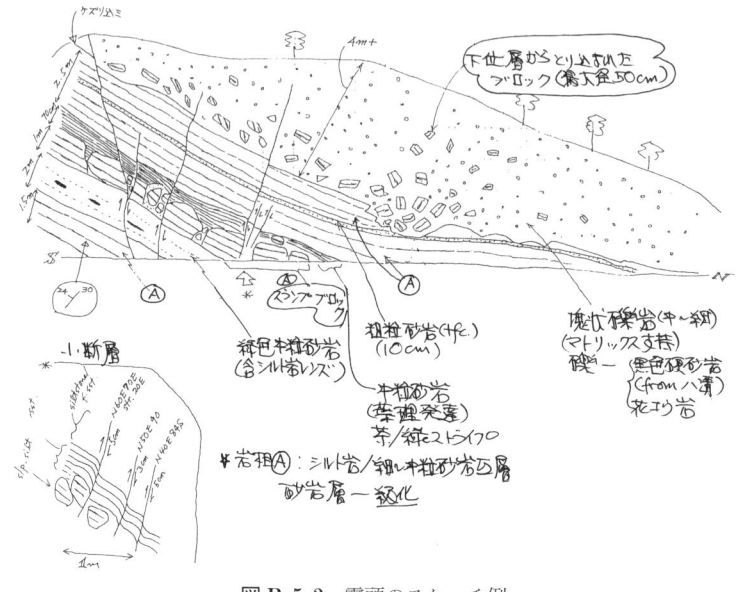

図 B-5-2 露頭のスケッチ例

③ 岩相，化石の産出状況，堆積構造，断層の特徴（破砕帯の幅，条線など），節理などについての詳しい記載．

④ 試料採取ポイント，写真の有無などのメモ．

　火成岩や変成岩の場合も，層理面が認められないなどの違いはあるが，基本的には上述の順番で記述を進めるとよい．場数を踏んで経験を深めることと，教科書・論文などを読み勉強することを平行して進めることにより，スケッチはより質の高いものになる．

B-5-3　フィールドノートのかわりに記載カードを使う

　タービダイトの特徴的なシーケンスの記載といった特別の場合には，露頭をまえにして百分の1または2百分の1といった縮尺で，柱状図を直接記載することがある．その場合は，フィールドノート

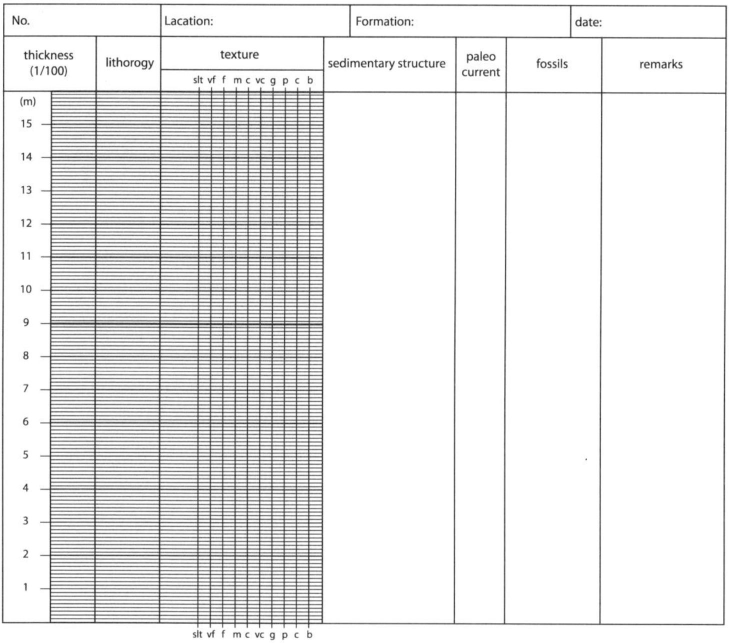

図 B-5-3　柱状図作成カードの一例

を使わずに，事前に用意しておいたカードを使うことがある．記載に際して重要事項を書き落とさないように，チェック項目付きのカードを自作して利用することも多い．カードの例を図 B-5-3 に示す．読者自身工夫して作ってみてほしい．時間的な余裕があれば，前述のような露頭全体のスケッチを書いた後に，カードによる柱状図を作成すると，データの再現性はよくなる．露頭のスケッチなしの柱状図だと，後に露頭で再度チェックすることが困難になる場合がある．慣れてくると，カードを使わずに直接フィールドノートに柱状図を作成しても記載漏れはなくなる．

B-5-4 フィールドノートに簡易的なルートマップを作成する

ルートマップは，§B-6で述べるように本格的に作成する場合には，特別の用紙を使用したり，A4，A3，B4判といった大きな用紙を画板などに貼り付けて使うのが一般的である．

実際の調査においては局所的に詳しいルートマップが必要になったり，詳しい地図がないために部分的に露頭の位置を確認する目的でルートマップを作成することがある．その際は，フィールドノート上でルートマップを作成するが，基本的な手順は本格的なルートマップ作成の場合と同じである．画板を広げることが困難であるような地形の険しい場所では，フィールドノートが有効である．慣れれば短時間に精度の高いルートマップを作成できるようになる．

B-5-5 一般的な露頭写真の撮り方

写真のほうがスケッチよりもわかりやすいと考えられがちであるが，必ずしもそうではない．露頭に向かった時には，スケッチをとることを第一に考え，写真撮影はその補助と考えたほうがよい．

経験豊かな調査者によるスケッチは，調査者の頭脳のスクリーンを通して有用な情報が強調して表現されている．いっぽう写真は，苔や表面の2次的な崩れといった無用な情報も有用な情報と同じレベルで写ってしまう．したがって，何を写したいかという意志や目的をもたずに撮影された露頭写真は，雑な情報のほうが多くなり，何を写したかったのかわからないものになってしまう．写真は露頭を深く理解した上で，明確な目的をもって撮影しなければならない．これを常に心がけて経験をつめば，次第に説得力のある写真をとることができるようになる．筆者が学生を指導した経験でいうと，ある程度フィールドを歩きこんでそのフィールドの地質について理解が深まると，ある時突然よい写真が撮れるようになる．

写真はカラー，白黒，そしてネガフィルム，ポジフィルム（スラ

イド）などさまざまな種類があるが，これも目的に応じて選択する必要がある．報告書に白黒で印刷する場合は，最初から白黒で撮影したほうがよい場合もある．フィルムは一般的には ASA 400 を使うことが多いが，沢のなかのように暗い場所での撮影ではストロボや，より高感度のフィルムを用意することも必要である．接写することも多いので接写用レンズも用意したい．

最近では，フィールド調査にあたってデジタルカメラを利用する人が多くなった．デジタルカメラの性能が飛躍的に向上したため，それらで撮影した写真を論文や報告書にも使えるようになった．デジタルカメラの場合，現像・プリント料金を気にせず大量に撮影した中から，もっとも良いものを選ぶことができる．これもデジタルカメラの大きな利点であろう．

B-5-6 簡便な立体写真の撮り方

露頭によっては地層が凹凸によって特徴づけられるものがあり，普通の写真より立体写真のほうが説得力をもつことがある．ここでは，倉林（1984）にしたがって，静止しているものに対する簡単な立体写真の撮影方法を紹介する．以下，倉林氏よりのアドバイスである．

被写体までの距離が大きい場合ほど，カメラを左右に移動させる距離を大きくする．その際に参考になるのが，ステレオベース（基線長：D）である．ステレオベースの求め方は研究者によりさまざまである．島（1979）によると，D＝撮影距離/50 がよいとされる．つまり撮影距離（被写体までの距離）が 10 m の場合は，D は 20 cm である．カメラを縦にかまえ，まず被写体の正面から D/2 右に動いて写真撮影し，次に被写体正面にもどって左へ D/2 動いて写真撮影し，それぞれ右眼用写真，左眼用写真とする．移動する距離を大きくすると立体感は増すが近影のずれが大きくなり，立体視し

図 B-5-4 露頭の立体写真．茨城県平磯海岸に分布する白亜系那珂湊層群磯合層の砂岩礫岩互層（松原典孝撮影）

にくくなる．ステレオベースを1つの目安として，ステレオベースで求めた移動距離よりやや大，やや小でもシャッターを切ると失敗することが少ない．

　図 B-5-4 に，この方法で撮影した立体写真の例をあげておくので，参考にして読者自身でためしてみてほしい．

B-6　ルートマップを作る

　野外調査では，その目的に応じて縮尺2万5千分の1の地形図や5千分の1の森林基本図などが使われる．しかし，これ以上の精度の地形図を調査に使いたい場合は，測量を実施して地図を作製する必要がある．実際に調査を進めると，千分の1とか5百分の1といった大きなスケールのルートマップが欲しくなる．ここでは，そのようなルートマップを簡便につくる方法を説明する．この技術を身につけていると，どんな場所でも臨機応変にデータを取ることができるだけでなく，自然の規模を実感できるようになる．この実感を得ることは，将来ひと味違うジオロジストになるためにも必要である．この実感をもっていないと，スケールを無視した空虚な議論を展開してしまう危険性がある．

B-6-1　ルートマップの作成法

　図B-6-1にルートマップ作成法をまとめて示す．ルートマップを作成するためには，方向と距離の計測が必要である．正確さを求める場合は測量が必要となるが，方向をクリノメーターで計測する概査の場合，距離の測定は歩測で十分である．慣れれば歩測でもかなり正確に距離を測定できる．

歩幅の計測

　100 mの距離（巻き尺で正確に測定）を，歩幅が一定になるようにして何回か往復して自分の1歩の歩幅を計算する．歩数の数え方は，片足を出す回数を1回と数える方法と2歩を1セットとして数える方法がある．前者を「単歩」といい，後者を「複歩」という．

72　B　実践編

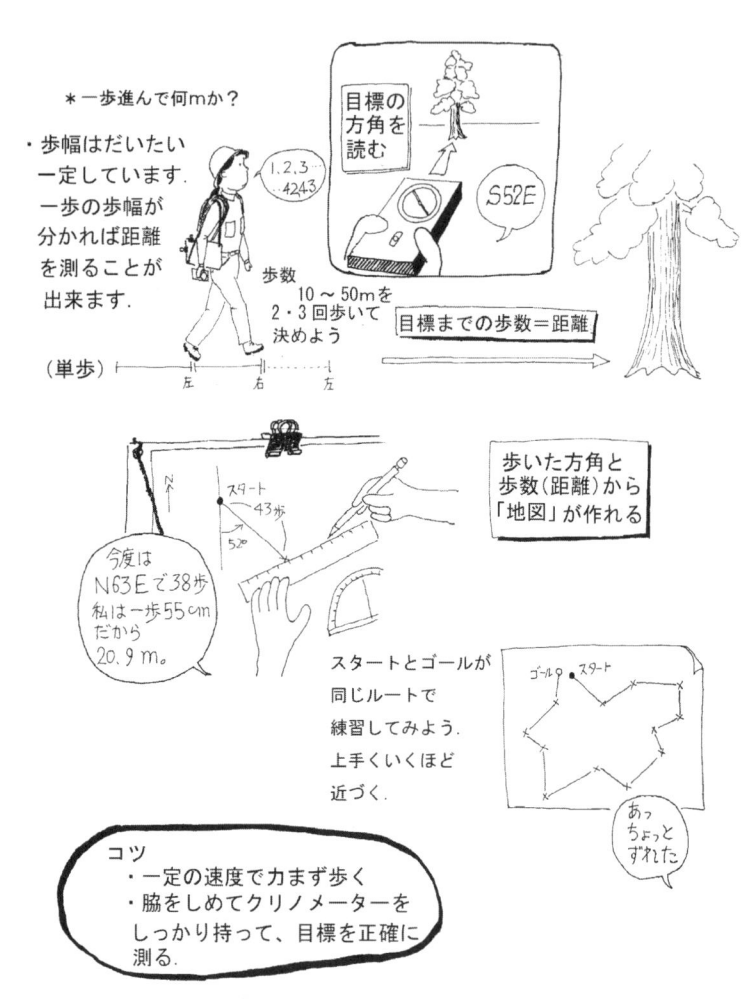

＊一歩進んで何mか？

・歩幅はだいたい一定しています．一歩の歩幅が分かれば距離を測ることが出来ます．

(単歩)　左　右　左

1, 2, 3 … 42, 43

歩数
10〜50mを
2・3回歩いて
決めよう

目標の方角を読む

S52E

目標までの歩数＝距離

今度はN63Eで38歩 私は一歩55cmだから20.9m．

スタート
43歩
52°

歩いた方角と歩数(距離)から「地図」が作れる

スタートとゴールが同じルートで練習してみよう．上手くいくほど近づく．

ゴール　スタート

あっちょっとずれた

コツ
・一定の速度で力まず歩く
・脇をしめてクリノメーターをしっかり持って、目標を正確に測る．

図 B-6-1　ルートマップ作成法

歩幅に歩数をかけると距離がでる．

道具

比較的狭い範囲のルートマップを作成する場合は，フィールドノートに直接記入する場合もあるが，多くの場合は画板にＢ４やＡ３判の用紙を貼り付けて使う．少々の雨にも耐えうるように上質の紙を選びたい．方向はクリノメーターで計測することが多いが，重いため取り扱いにやや不便を感じることがある．筆者はクリノメーターの代わりにオリエンテーリング用のシルバーコンパスを使用している（図 B-6-2）．プラスチック製で軽量なため使いやすい．とくに画板の上で作業する場合はすぐれものである．その他に長さ15 cm 程度のスケールと小さな分度器を用意する．

ルートマップの作成

歩幅の計測，道具の準備が終わったら，いよいよルートマップの作成である．作成予定のルートマップの大きさを予測して，１枚の用紙あるいはフィールドノートの見開きのページに，多くの部分が含まれるように用紙の位置を設定し，北の方位を記入する．この場

図 B-6-2　シルバーコンパス

合，磁北を北と定めておくと，方位を記入する際，測定値をそのまま使えるので便利である．

まず，クリノメーターを体の前面に構える．脇をしめクリノメーターをしっかりもって，目標を確実にねらい方位を読む．深田式クリノコンパスを使用している場合は，のぞき穴から照準を目標物に合わせると，より正確に方位を測定できる．方位の測定を終えたら，用紙の上に分度器を使ってその方向に直線を引く．

次に目標物までリラックスして歩き，歩数を数える．歩幅に歩数をかけて距離を算定し，予定の縮尺にしたがってスケールで長さを決める．スケールにいくつかの縮尺による歩数と距離との関係を書き込んでおくと便利である．縮尺別に歩数による専用目盛を作成しスケールに貼っておいてもよい．

以上の作業を次々に繰り返して直線を連続していけば，ルートマップの原型ができる．それに道路の幅や微妙な曲がり具合，周辺の地形の様子などを書き加えていく．最後に露頭の記載を書き込むとルートマップが完成する．

ルートマップ簡便作成法

上記のルートマップ作成法はオーソドックスで正確であるが，時には煩わしいことがある．ここでは，画板やフィールドノートを回転させないでルートマップを描いていく方法を紹介する（図B-6-3）．画板やフィールドノートは，最初に決定した磁北の位置に常に向くようにもつ．目標物に真っ直ぐ向いてその方向に直線を描く．目標物まで到達したらその距離で直線を切る．これを連続することによりルートマップを完成させる．用紙を正確に置けば，簡単にルートマップを作成することができる．ルートマップ用の専用目盛りをつけたシルバーコンパスを使うと，さらに軽快にルートマップを作成することができる．

図 B-6-3　ルートマップの簡便な作成法

精度の確認

　ルートマップ作成に際しては，自分の計測にどの程度の誤差があるか確認しておく必要がある．最後にスタート地点に戻るようにルートを設定し，ルートマップを作成してみる．誤差がまったくなければ，ルートマップ上でスタート地点とゴール地点は一致するはずである．しかし，実際には一致しない．歩測，方向の測定に誤差があるためである．ずれが大きければ大きいほど誤差が大きいことになる（図 B-6-1）．このようにして自分のルートマップの精度をチ

B-6-2　ルートマップの実例

　ルートマップは，少し訓練すればだれでも簡単に作成することができる．図 B-6-4 に実例を示す．これは茨城大学の 3 年生が初めてルートマップの作成練習をするルートの一部である．このルートマップには，露頭の岩相や走向・傾斜も記入してあるが，最初は地図作りと露頭の観察を同時に実施することは困難である．最初に地図を作り，後にその地図中に露頭の記載を記入するといった手順を踏んだほうが上達は早い．慣れてくるとそれらを同時におこない，充実した記載ができるようになる．まずは，平坦な場所で地質構造が単純なところを選んで練習してみてほしい．ルートマップに多くの地質情報を記入する場合には，省略記号を使用すると便利である．その記号は各人が自分流に決めてもよいが，よく使われる例を

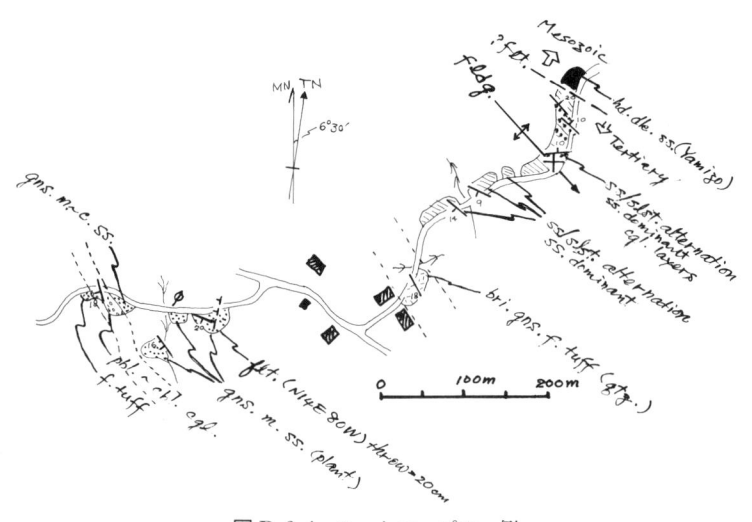

図 B-6-4　ルートマップの一例

表B-6-1に示す．図B-6-4はこれを使っている．

図B-6-5は，5千分の1の地形図をベースにして作成したルートマップで，論文に添付されたものである．断層露頭の正確な位置とその周辺の地質の状況を詳しく表現している．

表 B-6-1 ルートマップなどで使用される省略記号

	記載用語	英語	省略記号		記載用語	英語	省略記号
堆積岩	礫岩	conglomerate	cgl		細粒	fine	f
	砂岩	sandstone	ss	色調	明るい	bright	bri
	泥岩	mudstone	mdst		暗色	dark	dk
	シルト岩	siltstone	sltst		灰色	gray	gr
	石灰岩	limestone	ls		白色	white	wh
	苦灰岩	dolomite	dol		褐色	brown	brn
	チャート	chert	cht		緑色	greenish	gns
	頁岩	shale	sh		ピンク	pink	pk
鉱物	石英	quartz	qtz		黄色	yellow	yel
	斜長石	plagioclase	plag	堆積構造	層理	bedding	bdg
	黒雲母	biotite	biot		ラミナ	lamina	lam
	角閃石	hornblende	hrnbl		斜交層理	cross-bedding	xbd
	輝石	pyroxene	pyrx		級化	grading	grdg
粒度	巨礫	boulder	bldr	構造	断層	fault	flt
	大礫	cobble	cbl		褶曲	folding	fldg
	中礫	pebble	pbl		節理	joint	jt
	細礫	granule	grnl	その他	固い	hard	hd
	粗粒	coarse	c		軟らかい	soft	sft
	中粒	medium	m		未凝固	unconsolidated	uncons

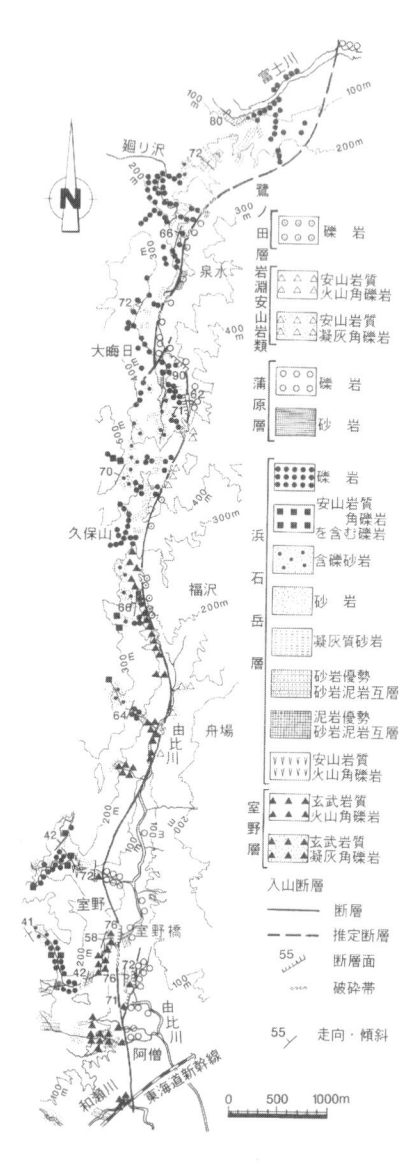

図 B-6-5 論文につけられたルートマップの例. 南部フォッサマグナの入山断層沿いのルートマップ(金栗・天野, 1995)

B-7　柱状図作成法

　野外調査で，最も明らかにしたい事柄のひとつが地層の積み重なりである．地層の重なり方から地層の新旧を決める地質学の分野が層序学である．「地層累重の法則」と「地層同定の法則」に基づいて全世界にわたって分布する地層の重なり方を調べ，現在用いられている地質年代区分（表紙見返し地質年代表参照）を確立した立役者が層序学であった．

　地質学は自然科学の中でも長い時間にわたって地球上で起きた出来事の推移を扱うという点で，歴史科学的な側面をもっている．地球環境の過去から現在への変遷を明らかにする研究分野は，地質学が得意とする分野であり，その点では今後も地質学は重要な役割をはたしていくものと考えられる．今日でも地層の積み重なりを調べ，その新旧を決定することはきわめて重要な方法であり，地質学研究のもっとも基本でもある．そして，その第一歩が野外調査で柱状図を作成することである．

　柱状図の作成技術は，地質学の中で最も基本的な技術である．ここでは，野外において柱状図を作成する方法を紹介する．だれでも少し練習すれば簡単な柱状図は作成することができる．ただし，その中にどれだけの情報を取り込むことができるかは，調査者の熟練度による．豊富な知識をもち，観察力の優れた調査者は，同じ露頭から多量の情報を読み取ることができる．ただ，初心者でもその新鮮で常識にとらわれない感覚によって熟練者が気づかないような新たな発見をする可能性もある．露頭の前に立てば，熟練者も初心者も同じ土俵にのぼっていることになる．必ずしも勝敗は最初から決

まっているわけではない．露頭から少しでも多くの情報を読み取ろうという気迫が大切である．

B-7-1 露頭で直接柱状図を作成する方法

柱状図作成の最も単純な方法は，露頭の様子をそのまま柱状に表現する方法である．水平に近い地層の場合には，この方法で柱状図が作成できる．地層の厚さは折り尺や巻き尺を使って計測する．巻き尺は露頭に沿わせて垂直に立てても折れ曲がらない程度の堅さをもったものが便利である．

観察にあたっては，基本的に以下のような事柄を記載する．目的によって観察事項は異なってくるが，ここでは最も基本的なものだけをあげておく．

① 地層の厚さ，走向・傾斜
② 粒径
③ 堆積構造
④ 化石

図 B-7-1 は茨城大学大学院の上田君が作成した北茨城市平潟町に分布する多賀層群平潟層の柱状図である．フィールドノート見開き 2 ページを使っている．対象とする地層の堆積構造などの細かさにしたがって，スケールを変えているところ，横軸に粒径をあらかじめ設定しているところなどに注目してほしい．これは一次データであり，フィールドジオロジーでは最も重要なものである．このデータをもとにして総合的な柱状図を作成するわけであるが，この記載が正確でないと，これをもとに作られた資料はすべて信頼性の低いものになってしまう．

研究目的によっては 50 分の 1 とか 100 分の 1 といった大きなスケールで柱状図を作成する必要がある．上記の場合同様に，フィールドノートに柱状図を作成してもよいが，あっという間にフィール

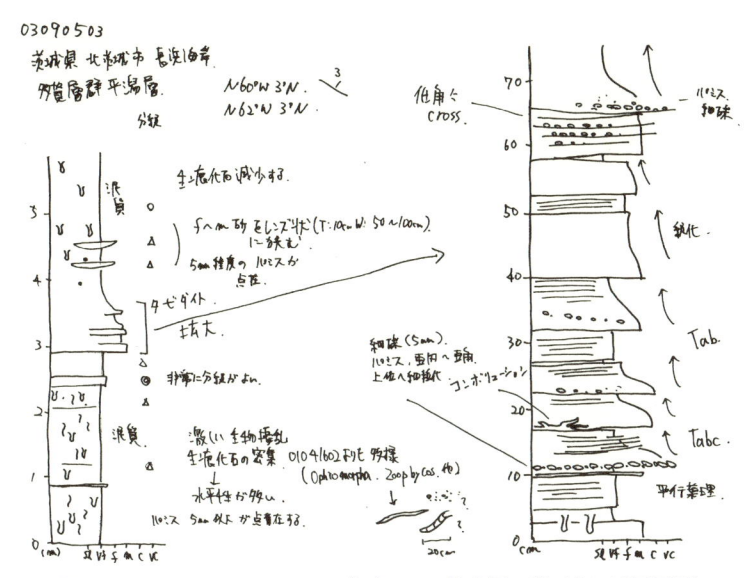

図 B-7-1　フィールドノートに作成された柱状図の例（上田庸平原図）

ドノートを使い尽くしてしまう．この場合，前述（§B-5）のようにカードに柱状図を作成することもよくおこなわれる．

　傾いた地層の場合も，露頭から直接柱状図を作成することがあるが，この場合注意すべき点は，地層の厚さは層理面に直交方向に測定することである．層理面と斜交する方向で厚さを測定すると，実際より厚く見積もってしまう．沢底に分布する傾いた地層の柱状図を作成する場合，とくに間違えやすいので注意してほしい．

　以上のように作成された「一次柱状図」を総合して，地域全体の岩相の変化がわかるように作成された柱状図が図 B-7-2 である．

B-7-2　ルートマップから柱状図を作成する方法

　露頭から直接柱状図を作成せず，ルートマップから計算で柱状図

82　B　実践編

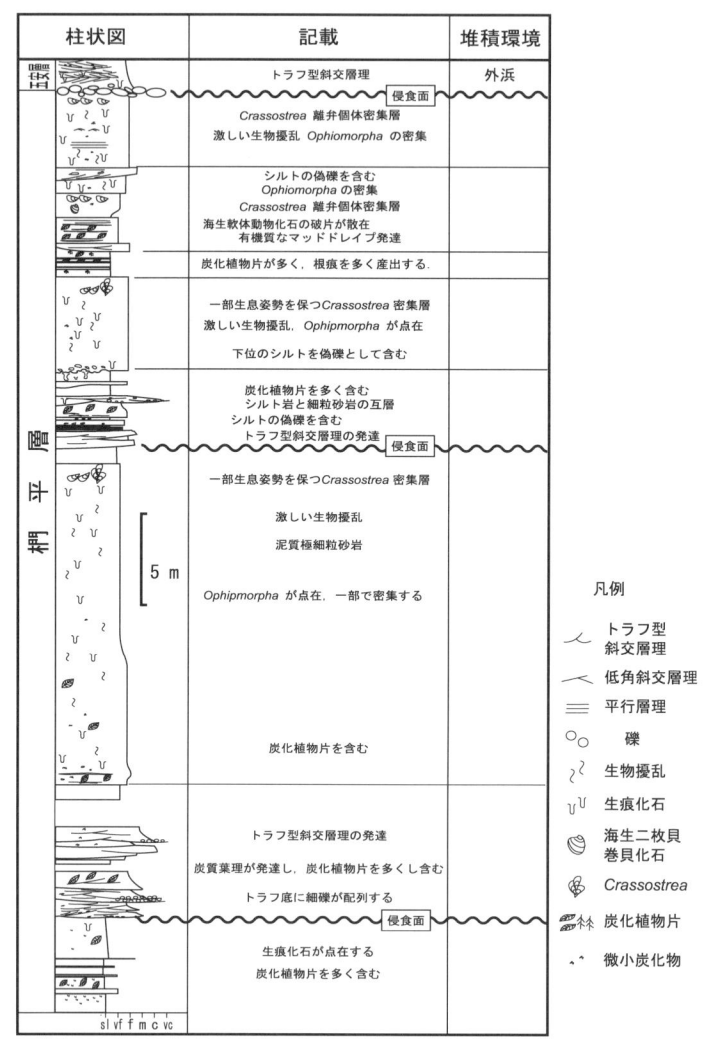

柱状図	記載	堆積環境
	トラフ型斜交層理	外浜
	侵食面	
	Crassostrea 離弁個体密集層 激しい生物擾乱 *Ophiomorpha* の密集	
	シルトの偽礫を含む *Ophiomorpha* の密集 *Crassostrea* 離弁個体密集層 海生軟体動物化石の破片が散在 有機質なマッドドレイプ発達	
	炭化植物片が多く，根痕を多く産出する．	
	一部生息姿勢を保つ*Crassostrea* 密集層 激しい生物擾乱, *Ophipmorpha* が点在 下位のシルトを偽礫として含む	
	炭化植物片を多く含む シルト岩と細粒砂岩の互層 シルトの偽礫を含む トラフ型斜交層理の発達	
	侵食面	
	一部生息姿勢を保つ*Crassostrea* 密集層 激しい生物擾乱 泥質極細粒砂岩 *Ophipmorpha* が点在，一部で密集する	
	炭化植物片を含む	
	トラフ型斜交層理の発達 炭質葉理が発達し，炭化植物片を多くし含む トラフ底に細礫が配列する	
	侵食面	
	生痕化石が点在する 炭化植物片を多く含む	

棚平層

5 m

凡例
- トラフ型斜交層理
- 低角斜交層理
- 平行層理
- 礫
- 生物擾乱
- 生痕化石
- 海生二枚貝 巻貝化石
- *Crassostrea*
- 炭化植物片
- 微小炭化物

sl vf f m c vc

図 B-7-2　露頭で作成した柱状図を総合して堆積環境を推定した柱状図：湯長谷層群椚平層上部（前期中新世）と五安層（前期中新世）（上田庸平原図）

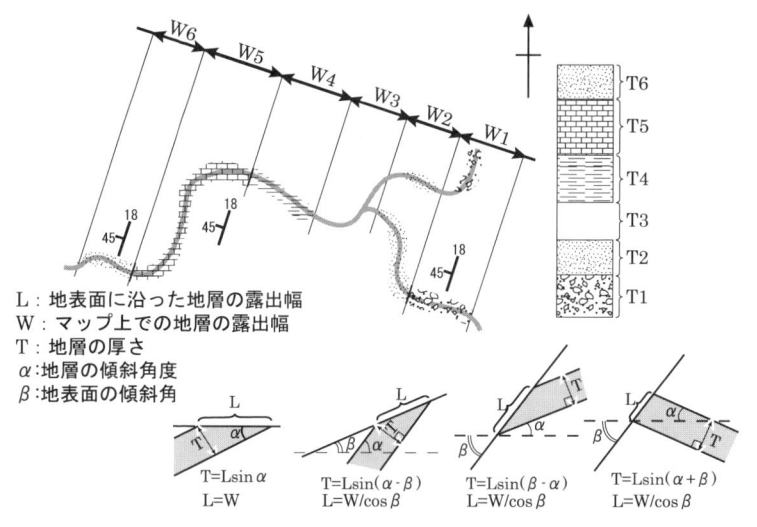

図 B-7-3 ルートマップから柱状図を作成する方法

$T = L\sin\alpha$
$L = W$

$T = L\sin(\alpha - \beta)$
$L = W/\cos\beta$

$T = L\sin(\beta - \alpha)$
$L = W/\cos\beta$

$T = L\sin(\alpha + \beta)$
$L = W/\cos\beta$

L：地表面に沿った地層の露出幅
W：マップ上での地層の露出幅
T：地層の厚さ
α：地層の傾斜角度
β：地表面の傾斜角

を作成することがある．概査の場合などによくおこなわれる．

図 B-7-3 に，ルートマップから柱状図を作成する方法を示す．地表面にそった露出の幅を L，マップ上での地層の露出幅を W とし，地層の傾斜角を α，地表面の傾斜角を β とすると，地層の厚さ T は以下のように計算される．

① 地表面に沿った地層の分布幅（L）を地層の走向に直交する方向（傾斜の方向）で計測する．歩測したり，巻き尺で計測する値は L である．ルートマップ上で露出幅を読み取る場合の値は W である．

② 地表面が水平の場合は，地層の厚さ T＝L・$\sin\alpha$ となる．この場合，L＝W である．

③ 地表面の勾配が地層の傾斜と同じ方向の場合は以下のように計算される．

地層の傾斜のほうが地形の勾配より大きい場合：
$$T = L \cdot \sin(\alpha - \beta), \quad L = W/\cos\beta$$
地層の傾斜のほうが地形の勾配より小さい場合：
$$T = L \cdot \sin(\beta - \alpha), \quad L = W/\cos\beta$$
④ 地表面の勾配と地層の傾斜が反対向きの場合：
$$T = L \cdot \sin(\alpha + \beta), \quad L = W/\cos\beta$$

B-7-3　柱状図を対比する
特定の層準あるいは層を基準に並べる方法

　調査地域の全域にわたって調査を終えた時には，それぞれのルートで作成された柱状図を横に並べて，地層の側方への連続性や変化を表現する．配列にあたっては，調査地域の地質の特徴がよく表せるように柱状図を配列する必要がある．また，縦方向の配列については，1つの鍵層やとくに目立つ地層境界，不整合を選んで，それを基準に柱状図を配列する．これをうまく選ぶと，地域全体にわたっての地層の厚さ（層厚）や岩相の変化をよく表現できる（図B-7-4）．

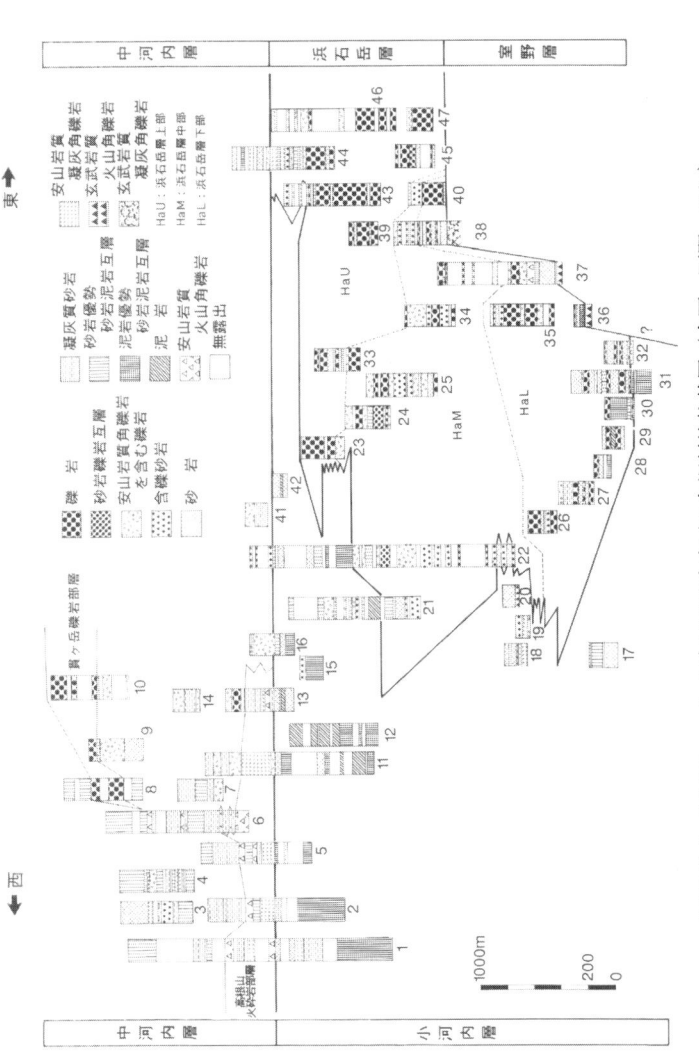

図 **B-7-4** 南部フォッサマグナ浜石岳地区の各沢対比柱状図（金栗・天野, 1995）

露頭の標高を考慮して並べる方法

　ほとんど水平に分布する第四紀層で地形に影響されて堆積した地層の場合，露頭の標高を基準として柱状図を並べることがある．そのようにすると，堆積当時の環境がより正確に復元できる．露頭の標高はハンドレベル（図 B-7-5）を用いて簡易測量で求める．地形図上ではっきり標高がわかる地点を選び，そこからの比高をはかる．深田式クリノコンパスを使っても，ある程度の精度で比高は決定できる．具体的方法は§ B-4 で解説した．

　標高にもとづいて柱状図を配列して，その資料から堆積環境を表現した例を図 B-7-6 に示す．

図 B-7-5　ハンドレベルの使い方

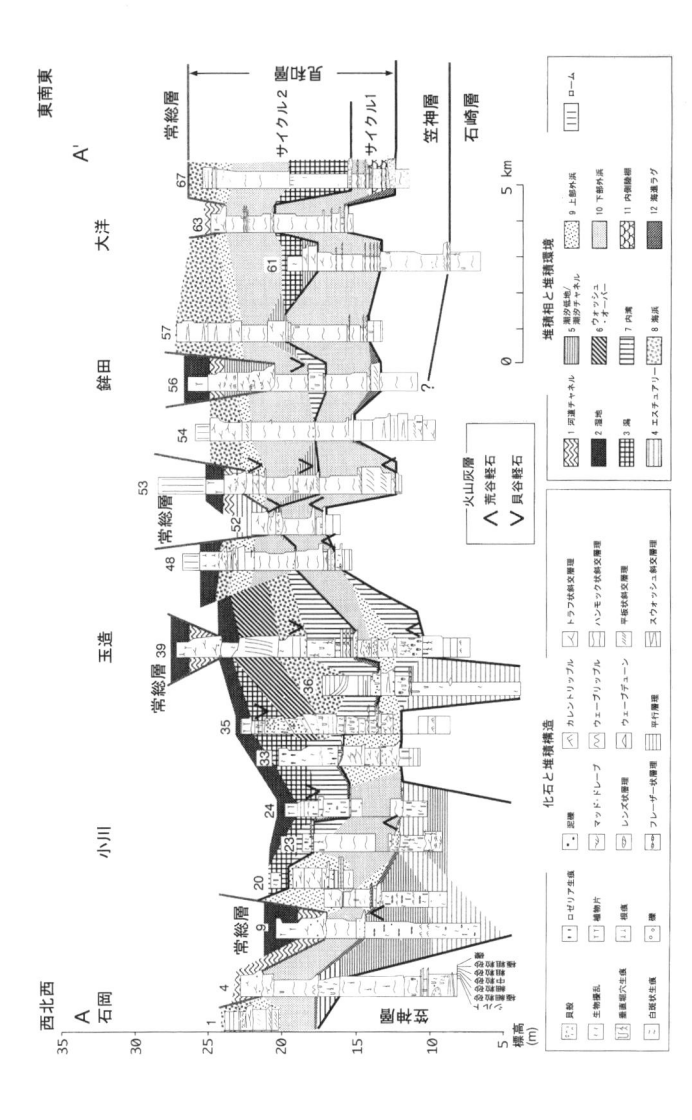

図 B-7-6 標高に基づいて配列した柱状図の例. 茨城県南東部石岡—鉾田地域に分布する見和層の堆積相変化（横山ほか，2001）

B-8 地質図を作る

フィールドジオロジーにおいては，主として地質図，地質断面図，柱状図（§B-7で説明）によって地域の地質が表現される．ここでは，地質図と地質断面図の描き方を説明する．

露頭を観察しルートマップを作成したら，いよいよ地質図の作成に取りかかる．地質図とは，岩相の境界面や地層の境界面と地形面との交線を地形図上に描くことにより地層の分布を表現したものである．

B-8-1　地質図の作り方

岩相境界面や地層面が平面で近似できる堆積岩を例にとって，地質図の作り方を説明する．平面（地層面）と曲面（地形面）との交線は，規則的な軌跡を描く（図B-8-1）．（a）は地層面が水平な場合で，境界線は地形等高線と平行になる．地層面が垂直な場合は，地形等高線とは無関係に境界線は直線として描かれる（e）．（b）〜（d）は地形面の傾斜方向と地層面の傾斜方向が同じ場合である．（b）は地層面の傾斜角が地形面の傾斜角より小さいとき，（c）はそれらが同じとき，（d）は地層面の傾斜角のほうが大きい時の境界線の様子を示している．（f）は，両者が逆方向に傾斜している場合である．この地形図上での分布パターンを立体図と比較していただきたい．

次にこれらの境界線の引き方を見よう．図B-8-2に境界線の作図法を解説した．地層面は平面と仮定しているので，それを表す等高線を引くと等間隔の平行な直線群になる．地形面は曲面なので，

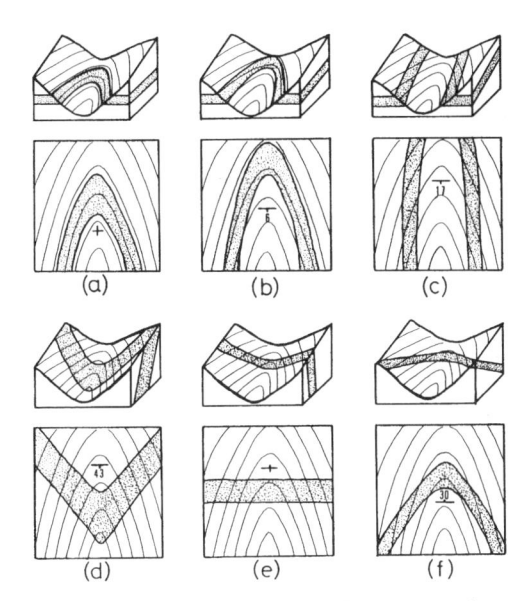

図 B-8-1 地層の露出の仕方 (Ragan, 1973)

地形等高線は曲線として表される．両者は同じ標高のところで交わることになる．したがって，両等高線が同じ標高で交わっているところを見つけ，それらをなめらかな曲線でつなぐと，それが両者の交わりの線となる．断層面や不整合面でも平面で近似できる場合は，同様の手順で地形図上に描くことができる．

不規則な形状をした花崗岩のような貫入岩体の境界は，多くの場合平面ではない．それらの境界を地形図上に描く場合は，現場で境界を一点一点おさえて，それらをつなげていくことが必要である．図学は活用できない．むしろ地形を細かく観察して，岩相の違いによる地形の変化を見つけて，境界の位置を予測することのほうが重要である．

少ないデータで地質図学をめいっぱい駆使して地質図を描く人が

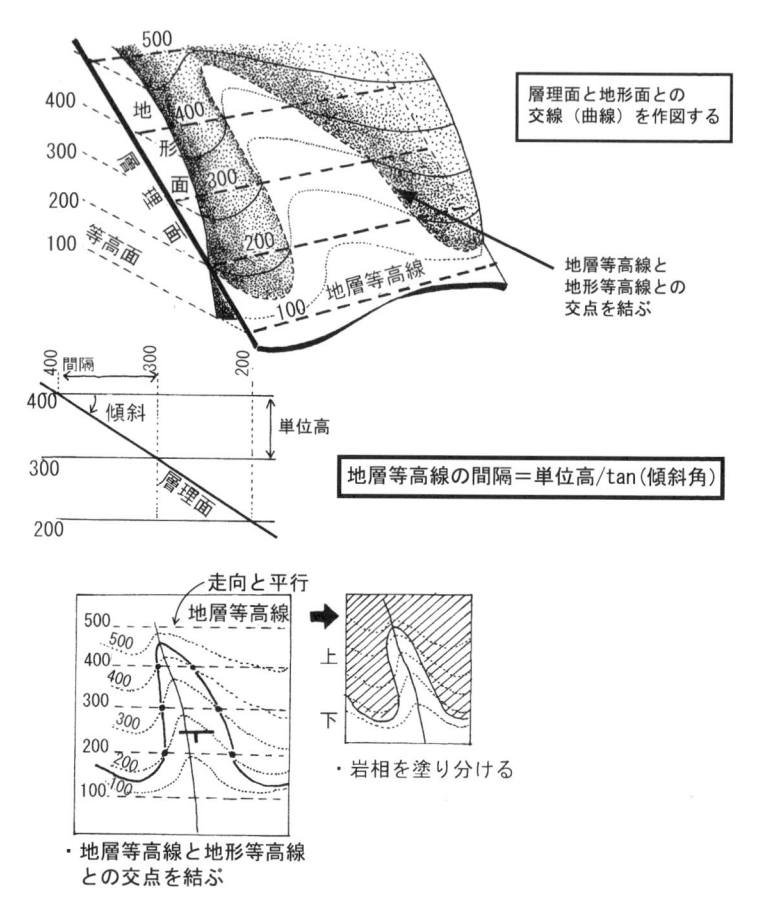

図中テキスト:
- 500, 400, 300, 200, 100
- 地層面
- 地形面
- 等高面
- 層理面と地形面との交線（曲線）を作図する
- 地層等高線
- 地層等高線と地形等高線との交点を結ぶ
- 間隔
- 傾斜
- 単位高
- 層理面
- 地層等高線の間隔＝単位高/tan（傾斜角）
- 走向と平行
- 地層等高線
- 上／下
- 岩相を塗り分ける
- 地層等高線と地形等高線との交点を結ぶ

図 B-8-2　地層境界線の描き方

いるが，これは邪道である．地質図学では地層は板状に走向・傾斜を変化せずに連続すると仮定しているが，実際の地層はそうなっていないことが多い．あくまで綿密な野外調査に基づいて地質図は描

かれるべきであり，図学は補助的な手段にすぎないことを十分認識しておくことが必要である．地質図は足で描けといわれる所以である．

B-8-2　地質断面図の作り方

地質図ができたら，次には地質断面図の作成である．地質断面図を作成する際，まず最初におこなうことは，断面をつくる位置（断面線）を決定することである．一般的には，次の条件を考慮に入れて断面線を決定する．

① 主要な地質構造を切断していること．理想的には地質構造の延長方向に直交する方向であること．たとえば，断層面の走向や褶曲軸の方向と直行した断面線が望ましい．

② 対象地域に露出するすべての地層が含まれている断面であること．少なくとも主要なものがすべて含まれていることが必要である．1つの断面でそれらがカバーできない時は，複数の断面を作ることになる．

③ 地層の走向に対して直交に近い方向（傾斜の方向）であること．真の傾斜が断面図上に表現できる．

断面線を決定したら，それに沿って地形断面図を作成する（図 B-8-3）．

作成した地形断面図の上に地層境界を描くことにより，地質断面図が作成される．このとき，地層境界の走向と断面線の方向が直交していない場合は，断面図上に現れる傾斜は真の傾斜（走向に直行する方向での傾斜）よりも小さくなる（図 B-8-4）．これを見かけの傾斜とよぶ．当然のことながら，どんなに理想的な断面線を想定しても，地層境界の走向と断面線が完全に直交することはない．実際には，断面線と走向とのなす角度と真の傾斜角から，断面線方向での見かけの傾斜角を計算して求め，断面図を描くことになる．そ

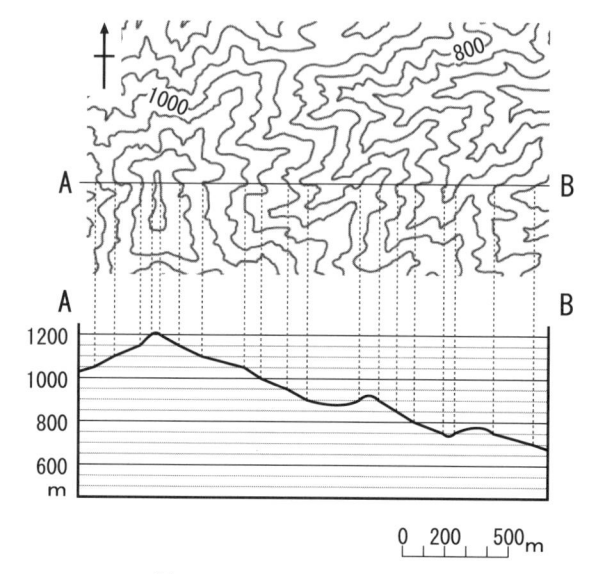

図 B-8-3　地形断面図の作成法

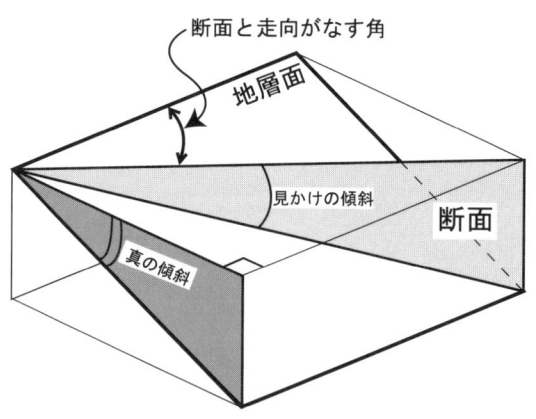

図 B-8-4　地層面の見かけの傾斜

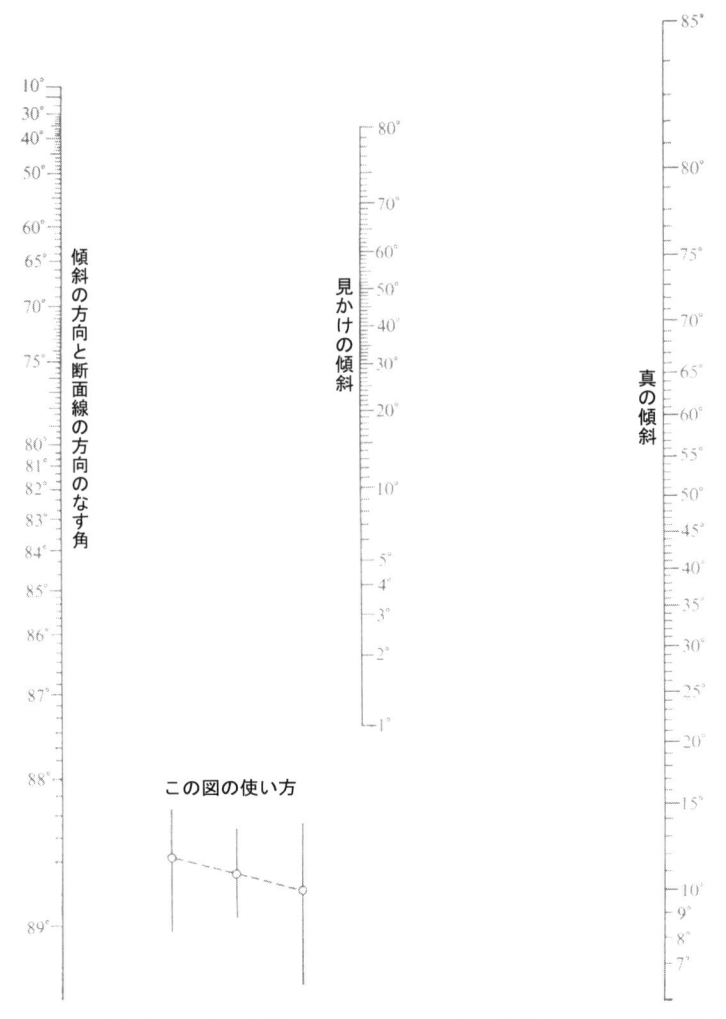

図 B-8-5 断面線の方向と傾斜方向のなす角と，真の傾斜から見かけの傾斜を求める図
傾斜方向が断面線となす角と真の傾斜を直線で結ぶと，見かけの傾斜を求めることができる（藤田ほか，1984 に基づいて作成）

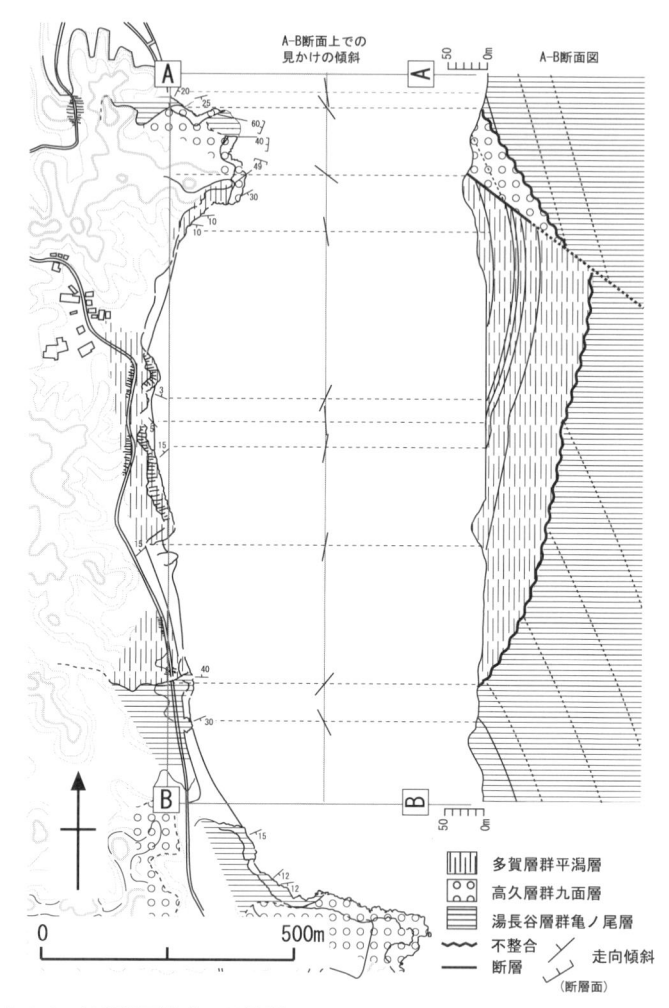

図 B-8-6 地質断面作成の具体例

常磐地域の新第三系 湯長谷層群亀ノ尾層（前期中新世，約 18 Ma），高久層群（前期中新世，約 16.5 Ma），多賀層群平潟層（中期中新世，約 15.5 Ma），（上田庸平原図）．Ma は年代の単位で，100 万年前を表す

の際，図 B-8-5 のような図から見かけの傾斜は簡単に求められる．全体を見渡して，調和的に境界線を書き入れる（図 B-8-6）．

ここで重要な指摘をしておきたい．普通，地質断面図は南側から見た断面図を作成し，地質図につける場合は，図の下に記入する．もし，南北方向の断面の場合には，東から見た地質断面図とし，地質図の東側につけるようにする．

B-8-3 より進んだ学習のために

地質図や地質断面図を作図したり，地層の厚さを作図から求める作業は，前述のように地質図学にもとづいておこなわれる．ここでは原理のみを簡単に述べたが，実際にこの作業を自由自在にできるようになるためには，練習問題を解いて訓練することが必要である．岡本・堀（2003）は手頃な問題集である．藤田ほか（1984）「新版 地質図の書き方と読み方」は，地質図学の古典的名著である．本書でフィールドジオロジーに入門された方はこれらの本に進み，いっそう理解を深めて欲しい．

B-9　試料を採取する

　野外調査では，さまざまな試料を採取する必要がある．たとえば，環境地質学などの研究では，湖底堆積物やテフラといった未固結堆積物を対象として採取することも多い．研究目的によって対象となる試料の種類や採取方法が大きく異なっていて，個別に注意すべきことも多い．しかし，本巻はフィールドジオロジーの入門編であり，はじめて野外にでる読者を対象としているので，特殊な方法の記述は他の巻にゆずり，ここではもっとも初歩的な岩石採取法について説明する．

B-9-1　岩石の割り方

　初歩的な野外調査における岩石や固結した地層からの試料採取法について述べる．地質学の象徴がハンマーであることは，さまざまな地質学関連の学会や研究会のロゴマークにハンマーが使われていることから容易に想像できる．図 B-9-1 は火星探査を報じた雑誌「TIME」の表紙である．探検隊員の腰の地質調査用ハンマーに注目していただきたい．火星に最初に降り立つのは地質学者かもしれない．ハンマーのもっとも基本的な用途の1つは，苔や風化している部分を露頭からはぎ取り，新鮮な地層を観察できるようにすることである．その他にも，野外調査でハンマーにはさまざまな用途がある．一般的に使われている各種のハンマーの写真を図 B-9-2 に示すので，用途に応じて選択してほしい．ここでは岩石採取にあたってのハンマーなどの使用法を述べる．たかがハンマーと侮ることなかれ．ハンマーの使い方を見れば，その人の地質学における経験

図 B-9-1　火星探険未来図（TIME, 2004 年 1 月 26 日号）

図 B-9-2　ハンマー各種

の程度を推し量ることができる．地質家にとってのハンマーは，板前にとっての包丁のようなものである．

98　B　実践編

・柄の中ほどよりやや元を
しっかりと力まずに握る

良く使うハンマー
800gくらい

①肘で初速をつけて
②手首で加速
③最後は重力で
腕に力がかかっていない
＊はねる破片に注意！
最大出力の疲れない割り方

無理な力がかかる
＊腕の力だけで割ろうとすると石が割れないばかりか腕や手首を傷める。

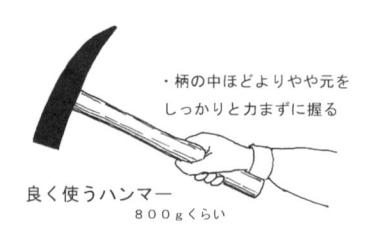

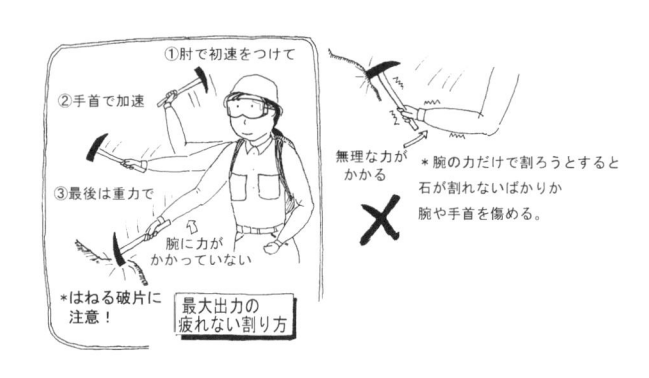

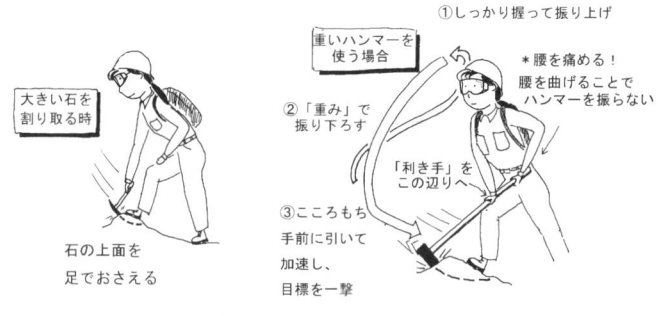

大きい石を割り取る時
石の上面を足でおさえる

重いハンマーを使う場合
①しっかり握って振り上げ
＊腰を痛める！腰を曲げることでハンマーを振らない
②「重み」で振り下ろす
「利き手」をこの辺へ
③こころもち手前に引いて加速し、目標を一撃

図 B-9-3　岩石の割り方

　まずは岩石を割ってみよう（図 B-9-3）．ハンマーは柄の中ほど

よりやや元をしっかりと握る．あまり力んで力まかせに握らないことがポイント．ハンマーの重さを利用して腕全体をつかって振り下ろす．腕の力だけで割ろうとすると，ハンマーの柄や腕に無理な力がかかり，柄を折ったり腕の筋を違えたりすることがある．地面に露出している岩石は，足で軽くおさえてハンマーを振り下ろす．なれないと意外にうまくいかない．分析用の試料など大量のサンプルを採取する場合は柄の長い大きなハンマー（大割りとよぶこともある）を使う．この場合もハンマーの重みを利用してうまく加速して

図 B-9-4　たがねの使用法

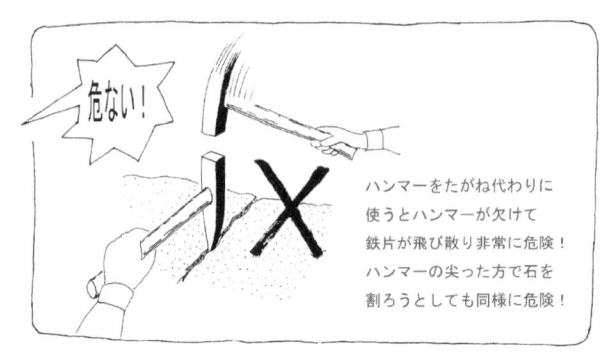

図 B-9-5　ぜったいしてはならない危険行為

割ることが大切である．いずれにしても慣れると，あまり力をいれなくてもきれいに岩石を割ることができる．

　たがねをうまく利用すると大きな露頭から試料を取り出すことができる（図 B-9-4）．岩石中の節理，鉱物の定向配列など割れやすい面を探してたがねを使うと，きれいな試料が採取できる．たがねはホームセンターなどで購入することができ，安価である．大きさもいろいろあるので，目的に応じて選択したい．

　ハンマーをたがね代わりに使って別のハンマーでたたく人がいる（図 B-9-5）．これはきわめて危険であり，ぜったいしてはならない．ハンマー同士をぶつけると，一部が欠けて鉄片が飛び散る．場合によっては目に刺さり失明することがある．安全確保のためにハンマーを使う場合は，安全めがねをかけることも忘れてはならない．

B-9-2　割りとった岩石の整形法

　割りとった岩石は必ず野外で整形して持ち帰る．研究室や自宅に持ち帰ってから整形しようとしても，作業する場所を探すだけでも

図 B-9-6　整形試料

意外とたいへんなものである．作業にあたっては，必ず手袋をはめて岩石片などによるけがを防ぐ．

　一般的な標本用試料は，握りこぶしくらいの大きさが適当である（図 B-9-6）．その大きさになるよう，風化した部分や不要な部分をまず欠きとる．サンプルを手で握り，ハンマーの角を使って欠き取ることがこつである．出っ張った部分もハンマーの角を使って欠き取る．なお，岩石中に葉理や片理などが発達する場合は，それをうまく利用するときれいに割れる．最終的には角をとって整形する（図 B-9-7）．

B-9-3　定方位試料の採取法

　古地磁気の測定や構造の復元といった研究では，試料採取にあたって地層が野外で露出していた配置を考慮に入れることが必要な場合がある．その時には，試料の空間での位置を記録した採取法が必要となる．一般に定方位サンプリングとよばれている．よく使われる方法を図 B-9-8 に示す．

　① 採取予定の岩石の表面でなるべく平らな面を探す．

102　B　実践編

軍手

不要な部分を欠き取る.

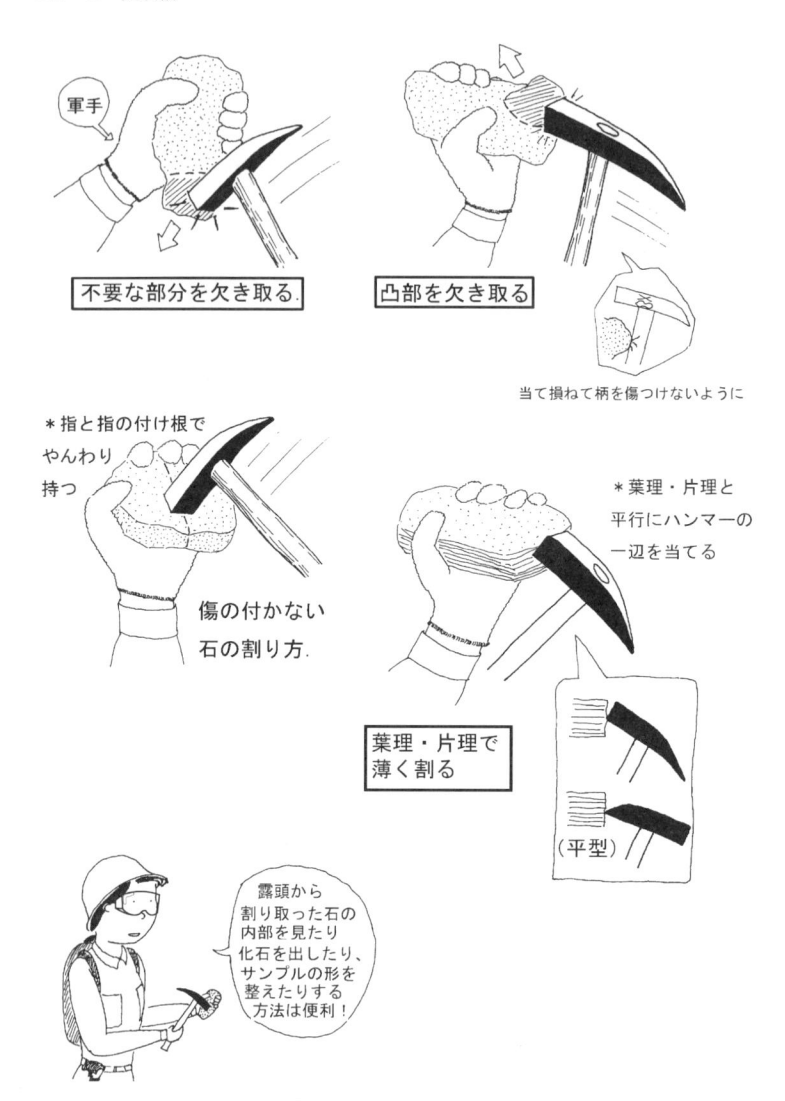

凸部を欠き取る

当て損ねて柄を傷つけないように

＊指と指の付け根で
やんわり
持つ

傷の付かない
石の割り方.

＊葉理・片理と
平行にハンマーの
一辺を当てる

葉理・片理で
薄く割る

（平型）

露頭から
割り取った石の
内部を見たり
化石を出したり、
サンプルの形を
整えたりする
方法は便利！

図 B-9-7　試料整形法

図 B-9-8 定方位試料採取法

② その面に走向と傾斜を入れる．どんな形のサンプルを採取した場合にも，サンプルを見ただけで傾斜方向がわかるように，傾斜方向を示すマークはたくさんいれておく．
③ 層理面や片理面などがあれば，それらの方位も必ず測定して記録する．

古地磁気測定用サンプルの場合，エンジンドリルを使ってコア状の試料を採取することが多いが，これについては第2巻参照．

B-9-4 ラベリング

どこで採取したか不明な試料は，研究材料としては意味がなく，ただのゴミになってしまう．将来，試料として利用するためには採取場所などが明記されていなければならない．試料に記載されるべき基本的事項は以下のとおりである．図 B-9-9 に示したようなラベルに必要事項を記入するとよい．

```
┌─────────────────────────────┐
│ No.                         │
├─────────────────────────────┤
│ 名  称                      │
│ ─ ─ ─ ─ ─ ─ ─ ─ ─ ─ ─ ─ ─  │
│ 採集地                      │
│ ─ ─ ─ ─ ─ ─ ─ ─ ─ ─ ─ ─ ─  │
│ 地層名                      │
│ ─ ─ ─ ─ ─ ─ ─ ─ ─ ─ ─ ─ ─  │
│ 年月日          採集者      │
├─────────────────────────────┤
│                    地質学教室 │
└─────────────────────────────┘
```

図 B-9-9　試料用ラベル

　ここで示したものは，保存用試料の場合であるが，実際，調査にあたっては分析用の試料を採取して整理する場合が多い．次にその整理法を述べる．

　分析試料は，採取後ビニール袋や布製の袋（図 B-9-10 参照）に収納するが，袋には最低限試料番号が記入されていることが必要である．試料の上に直接記入できる場合には，試料上にもサンプル番

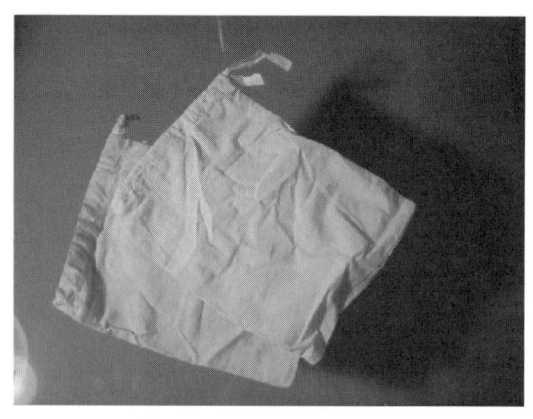

図 B-9-10　布製サンプル袋

号を記入する．その番号に対応する記載がフィールドノートに詳細に書かれていなければならない．試料番号の付け方の例を下にあげる．

　　04040103

これは，2004年4月1日の3番目の試料の意味である．その他に，MT 02といった番号付けの仕方もある．これは水戸層の2番目の試料という意味である．場合に応じて臨機応変に番号付けをする．どのような付け方をしてもよいが，わかりやすく混乱を招かないような付け方を工夫したい．フィールドジオロジー研究において，試料を取り違えることは致命的ミスである．場合によっては，研究自体の信頼性も落ちてしまう．

B-9-5　試料発送法

採取した試料を小包や宅配便として送る場合，送付途中でサンプルが破損しないように新聞紙などで包み保護する（図B-9-11）．とくに化石などは，破損してしまうと取り返しのつかないことになる．新聞紙で包んだ上にビニール袋や布袋に入れることを勧める．

それらをダンボール箱などに詰めることになるが，その際注意す

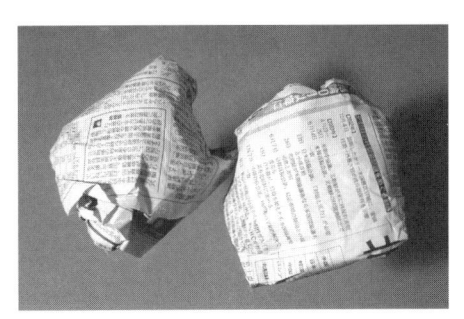

図 B-9-11 サンプルの包み方

図 B-9-12　サンプルの箱詰め

べきことは以下のとおりである．
① あまり大きな箱には詰めないこと．大きな箱にサンプルを満杯にすると持ち運びが困難になる．
② 隙間のないように梱包する．もし隙間ができてしまうようであれば，新聞紙やぼろ切れなどをつめてサンプルが動かないようにする（図 B-9-12）．

C-1　調査結果をまとめる

　調査が終了したら，その結果をまとめ「口頭発表」や「報告書・論文」として情報を発信することになる．情報発信に際してもっとも重要なことは，情報を受けとる人々がだれかを正確に把握して，それに応じた発表の仕方を工夫することが必要となる．この点は往々にして忘れられがちなので，最初に強調しておきたい．以下に，調査結果のまとめと口頭発表，報告書の作成などについての基本を述べる．

　調査結果をまとめるにあたって，フィールドノート，写真などの記録の整理が必要となる．ここでは，まずそれらの整理にあたっての注意事項を述べる．

C-1-1　研究ノートの整理

　調査にあたっては毎日調査内容の日録を作る．フィールドノートには観察事項を記入し，研究ノートには調査の進展状況をはじめ，調査中に脳裏に浮かんだアイデアも記入するとよい．調査中にアイデアが浮かぶことがよくあるが，そのままほっておくと，そのアイデアはどこかに蒸発してしまう．文章として固定しておくことが重要である．また，調査にかかった費用・旅費等についても領収書などといっしょに記録しておくと，後で役立つことがある．ノートは大学ノートがどこでも手に入りやすく廉価である．研究ノートを毎日つけることにより，調査の進行状況をつねに把握していることが大切である．

　ノート型パソコンをフィールドに持参し，パソコン上に研究ノー

トを作成することも1つの方法である．しかし，どんな場所にも持ち込めて，鉛筆一本あれば記録がとれ，乱暴な扱いにも耐える記録媒体として大学ノートは優れものである．ただ，パソコンは工夫しだいでは，強力なアイデアプロセッサーにもなる．日々のメモをアイデアの開発に利用するためにパソコンを利用することにも積極的でありたい．

C-1-2　フィールドノートの整理

フィールドノートは一次資料としてもっとも重要な資料である．基本的には，その日のうちに墨入れをして整理しておくことが必要である．地形図，写真，サンプルとフィールドノートの記録の対応も毎日確認する．

C-1-3　写真の整理

プリントした写真は，スクラップ帳に張り付けたりフォルダに入れて，日付と簡単なコメントをつけて整理する．とくに，フィールドノートの記録との対応がきちんと整理されていることが大切である．スライドも同様であるが，整理を怠ると，後で必要なものを見つけることが困難になる．

最近ではデジタルカメラの性能が向上し，高品質の露頭写真を撮ることが可能になった．デジタルカメラを使う場合，現像費，プリント代の心配がないため，往々にして大量の写真を撮ることになる．整理を怠ると，いざ使う段になってにっちもさっちもいかなくなる．プリントやスライドの場合以上に整理の必要がある．また，整理し終わった後，バックアップを必ずとることを忘れてはならない．

なお，プリント，スライドなどもデジタル化して整理しておくことも，現代では必要なことと思われる．発表でPowerPoint（プレ

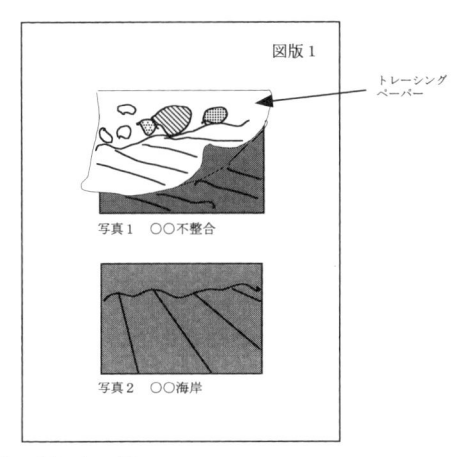

図 C-1-1 写真の張り方の例
写真は写真用ボンドなどで台紙に張り，1ページにつき1つの番号を台紙の右肩につける．また，各写真にはそれぞれの通し番号とタイトルをつける．断層，不整合，堆積構造などを明確に示したい場合は，トレーシングペーパーを重ねて，その上に線や説明を入れる．顕微鏡写真や化石の接写写真などにはスケールを忘れないように入れる．デジタル化した写真の上に直接説明用の線を入れる例を見かけるが，元々の構造が見えなくなるおそれがあり，あまり薦められない

ゼンテーションツール）を使うことが多い昨今では，デジタル化し整理された写真はきわめて有用である．

卒業研究，報告書などに写真を直接添付する際の形式の一例を図C-1-1に示す．A4判で報告書を作成する場合の一例である．これを参考にし，必要に応じて工夫してほしい．

C-1-4 採取した試料の整理

採取した試料は§B-9で述べたようにラベルをつけて，サンプル箱に入れて整理する．岩石薄片は薄片箱に整理するが，もとの岩石試料との対応がつくようにしておくことが大切である．ラベルのついていない試料は単なるゴミである．卒業研究や報告書の場合，採

取試料を報告書とともに提出することが必要な場合がある．その場合，試料の一覧表を添付することも忘れてはならない．

C-1-5　図表の作成と整理

　調査で使用した地形図，作成したルートマップ，柱状図，岩相図などは，一定の形式にしたがって折りたたんで整理しておく．折りたたんで保存する場合，Ａ４判ファイルに収まるようにすると便利である．調査時にも役立つ地形図の折りたたみ方の一例を図 C-1-2 に示す．

　報告書に図・表を添付する場合の例を以下にあげる．

　卒業論文における一般的な図・表の提示法を図 C-1-3 に示す．報告書はＡ４判で作られることが多い．地質図などの大きな図は，報告書の中あるいは後につけられた袋に折りたたんで入れる．その場合，読む人にとって開きやすい折り方を工夫すべきである．一例を図 C-1-4 に示す．折りたたんだ図の表には，その図の内容および報告書名，報告者などを記入したラベルをつけるなどの気配りをしたい（図 C-1-5）．図 C-1-6 に茨城大学の卒業論文・修士論文を示す．報告書の１つの形式として参考にしていただきたい．

　最近では，図も作図ソフトを使ってコンピュータで作成されることが多い．報告書作成にあたっては，倍率に気をつけたい．報告書に添付する場合も PowerPoint に取り込む場合も適切な倍率でないと，文字が読めなかったり，図が読み取れなかったりすることになる．

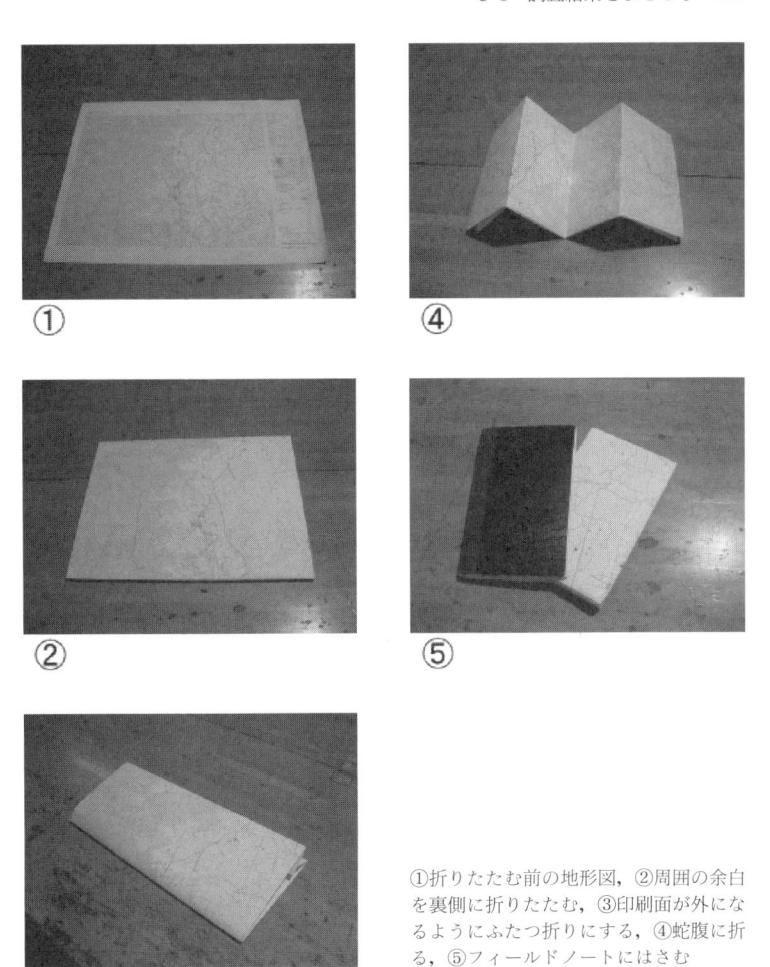

①折りたたむ前の地形図，②周囲の余白を裏側に折りたたむ，③印刷面が外になるようにふたつ折りにする，④蛇腹に折る，⑤フィールドノートにはさむ

図 C-1-2　地形図の折りたたみ方の例
　どの面も簡単に見ることができる．また，フィールドノートと同じ大きさになるので，フィールドノートの間にはさんで持ち歩ける

112　C　結果のまとめと情報の発信

図の提示例

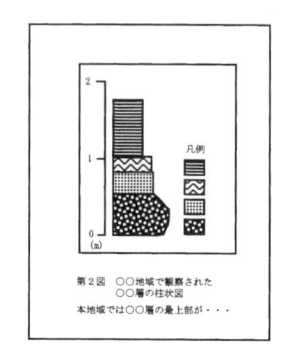

第1図　○○地域の地質図
本地域には上部中新統の・・・

第2図　○○地域で観察された
○○層の柱状図
本地域では○○層の最上部が・・・

* 各種地図には，方向・スケール（縮尺）・凡例を付ける．
  地質断面図などには，垂直方向と水平方向の両方にスケールを入れる．
  図を他人の論文から引用する場合にはその旨を明記する．
  例）大場（1987）に基づく．　岡田（1988）に加筆．　斉藤（1989）を一部修正．

表の提示例

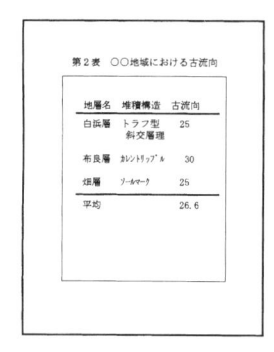

第2表　○○地域における古流向

第5表　○○地域産岩石の化学組成

* 表の番号およびタイトルは表の上に付ける．
* 表の縦の欄には性質の異なった項目を，横の欄には性質の共通した項目を入れる．例えば，岩石の化学組成を示す表では，縦欄に試料，横欄に組成を取る．また時間変化を示す表では，縦欄に観測点や試料，横欄に時間を取る．

図 C-1-3　卒業論文における図・表の提示の例

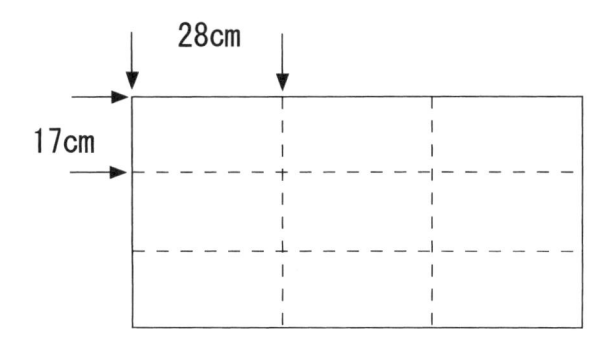

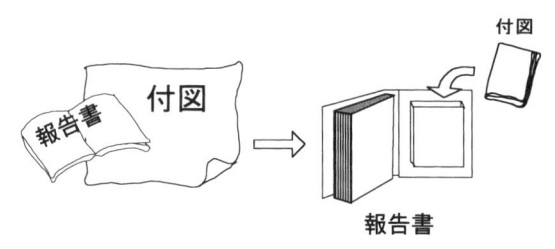

図 C-1-4　大きな図のたたみ方の例
　大判の付図は蛇腹折りにしてたたみ，本文の後に綴じ込むか，裏表紙に貼り付けた袋に入れる

114　C　結果のまとめと情報の発信

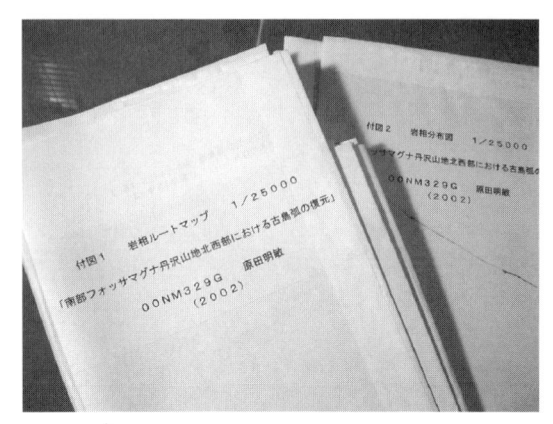

図 C-1-5　付図に添付するラベルの例

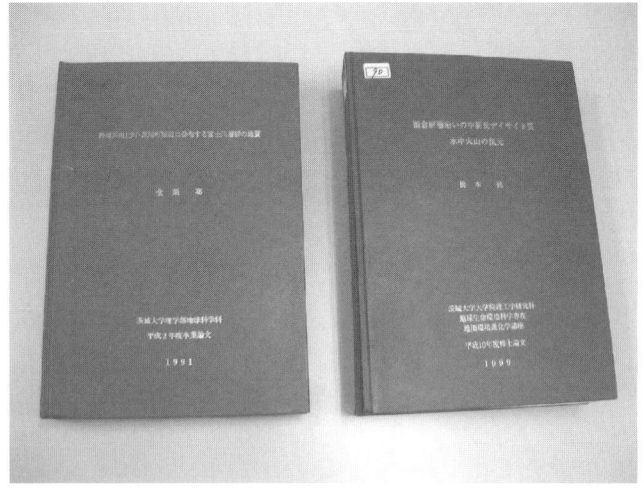

図 C-1-6　製本された茨城大学卒業論文・修士論文

C-2　口頭で発表する

　口頭発表では，卒業研究，学会発表などいずれの発表の場であっても，研究成果を与えられた時間内で聴衆に理解してもらい，評価を受けることを基本とする．
　そのためには，文章で発表する場合と内容は同じではあっても，表現の形式は当然，違ったものとなる．

C-2-1　発表の準備
　これまで先人によってなされた研究成果を踏まえた研究課題の設定の意義，研究手段，研究成果，成果のもつ意義，結論，謝辞などの項目について内容を明確にする．その内容を理解してもらうための図表類の作成をおこなう．

C-2-2　図表類の作成
　できるだけ簡略化した図表を作成する．スライド，OHPによる発表が多いが，近年ではPowerPointにより作成した資料を液晶プロジェクタで投影する発表もかなり増えてきた．今後，口頭によるプレゼンテーションの形式は，PowerPointなどを使ったものが主流になることが予想されるので，日頃から訓練しておくことが必要不可欠である．PowerPointに関する参考書は多数出版されている（石居，2003など）ので，それらを参考にしてほしい．なお，図表類の作成にあたって，活字は大きく，簡略な表現で，情報量を多くもり込む工夫が必要である．

C-2-3　発表の構成

　口頭発表では報告書の記述と同じ順序ではないほうがよい．研究課題の設定を説明した後，まず得られた成果を述べることで聴衆に問題点と成果を理解してもらうことが必要である．最初に結論を述べておけば，たとえ時間切れになった場合であっても，結論を提示しないで終わってしまうという，最悪の事態を避けることができる．次に，そのような結論がどのようなデータにもとづいて導き出されたか，説明するという順序が効果的である．この手順によれば，結論の部分は最後にもう一度述べることになる．最後に，研究の遂行にあたってお世話になった方々への謝辞も述べたい．学会発表のように，きわめて限られた時間での発表では，謝辞の項もスライドやOHPで示し，その内容を短時間で効果的に説明することが望ましい．

C-2-4　発表の仕方

　卒業研究や学会発表で，書かれた文書を棒読みする学生がいるが，そのような発表は望ましくない．自己の研究内容を理解してもらうという基本姿勢が必要である．そのような熱意が基本にあれば聴衆に訴えることができる．図表類の説明箇所をさし示しながら発表することが，ぜひとも必要である．とはいっても，学生諸君にとって初めての発表では，そのような要求は無理なのかもしれない．書かれた文章の中からキーワードにあたる部分にマークをつけ，それを頼りに発表するという方式が第一段階である．もう少し慣れてくれば，発表の際にキーワードのみを紙に書き，それを見ながらの発表が第二段階となる．さらに慣れてくれば，スライドの順序にしたがって，メモなしで発表することができるようになる．そうなると，力点の置き方・説明の仕方など，聴衆を納得させる話し方が可能になる．

参考までに，秋山（1995）をもとに作成した次の2枚のPower-Pointの図を見ていただければ，望ましい表現の仕方を理解していただけるだろう（図 C-2-1）．

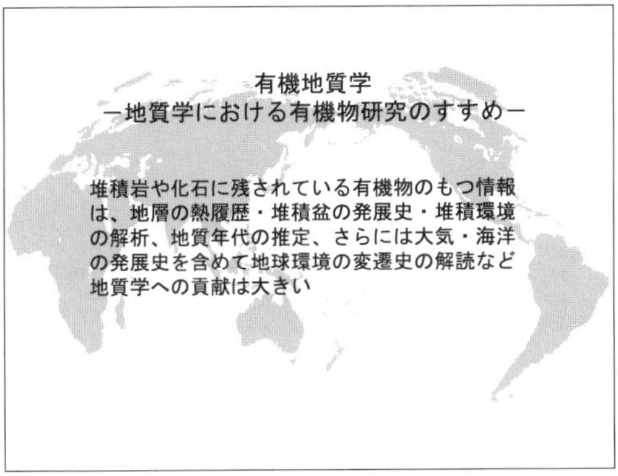

有機地質学
―地質学における有機物研究のすすめ―

堆積岩や化石に残されている有機物のもつ情報は、地層の熱履歴・堆積盆の発展史・堆積環境の解析、地質年代の推定、さらには大気・海洋の発展史を含めて地球環境の変遷史の解読など地質学への貢献は大きい

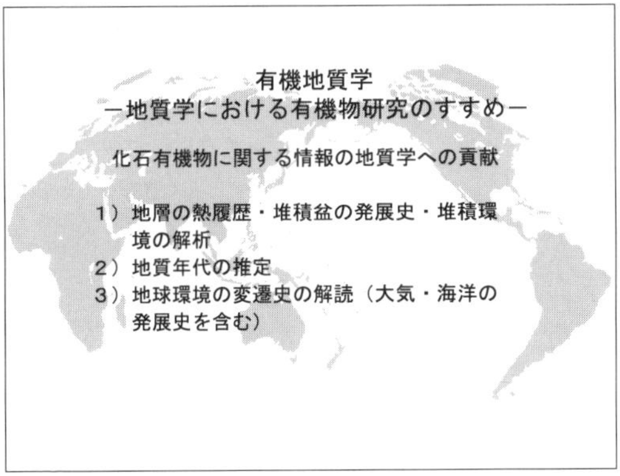

有機地質学
―地質学における有機物研究のすすめ―

化石有機物に関する情報の地質学への貢献

1）地層の熱履歴・堆積盆の発展史・堆積環境の解析
2）地質年代の推定
3）地球環境の変遷史の解読（大気・海洋の発展史を含む）

図 C-2-1　PowerPoint を使った発表スライドの例

C-3　文書で発表する

　文書で発表する際の基本事項は，成果をいかにわかりやすく正確に表現するかであって，それはレポートから報告書，学術論文に至るまで違いはない．研究の目的，これまでに行われてきた研究とその問題点，研究手法，得られた結果，その結果をふまえての考察，結論，謝辞，引用文献といった順序になる．地質学およびその関連分野でも，専門誌の数も増え，論文数も多くなっている現代では，すべての論文に目を通すことは不可能である．読む価値のある論文かどうかを短時間で判断する必要に迫られることから，論文のタイトル（表題）と要旨を読んだ上で，さらに詳しく読むかどうか判断する場合が多い．したがって，タイトルの設定の仕方と要旨の書き方にはとくに注意が必要である．

　タイトルを設定する際には，まず思いつくままに論文の内容にかかわるキーワードを羅列し，その中から重要と思われるキーワードを拾い上げる．その上で必要最小限のキーワードが組み込まれる形のタイトルを作成する．タイトルはなるべく短いことが望ましい．「地質学雑誌」や「地球科学」など地質科学関連の雑誌では，日本文と英文のどちらであっても，文頭に英文の abstract とともに，論文の最後に同一内容の日本文要旨がつけられている．

　執筆する際に，最初から順を追って書く必要はない．項目立てができたら，書きやすいところから原稿を作成することを薦めたい．そして，書き終わった文書は 4 〜 5 回の推敲を重ねる必要がある．原稿用紙とペンの時代から，パソコンの時代になった現代では，このような推敲はそれほど困難なことではない．完成したと思われる

原稿はしばらく時間が経過してから，再度読み返してみることが必要である．その間に必ず熟成がすすみ，さらによい原稿になることは疑いない．

C-3-1　卒業研究（地域地質研究を扱う場合の例）

最近では卒業研究のテーマも多岐にわたり，論文の形式もさまざまである．ここではフィールドジオロジーの最も基本的な研究である地域地質研究を例に，卒業研究の報告書（卒業論文）の書き方を解説する．

文章は「である」調で表現し，事実の記述は現在形を使う．たとえば，「砂岩層には貝化石が産出した」ではなく，「砂岩層には貝化石が産出する」のように現在形を使う．大学によって卒業論文の形式などに違いもあると思われるが，最も一般的に使われている構成にしたがってその記述内容を以下に説明する．

① まえがき：卒業研究としておこなった調査期間，調査の方法（使用した地形図，調査の精度，野外調査と室内研究での手法など），野外調査から論文作成の過程でお世話になった方々や機関への謝辞を述べる．初心者は「謝辞」を単なるお礼と捉えることが多いが，「謝辞」は感謝の気持を表すと同時に情報源・指導者などにかかわって責任の所在を明らかにしていることも忘れてはならない．

② 調査地域の位置・地形：20万分の1程度の縮尺の図を使って，調査した地域を示し，地形の特徴と地質との関連について述べる．

③ 研究史および研究目的：先人の研究成果を説明し，問題点を明らかにする．そして，研究目的についてはその問題点のうちの何を解決するために研究をおこなったのかを説明する．①〜③までを一括して述べる場合には，謝辞を最後にもってくる．

④ 地質概説：20万分の1，または50万分の1程度のスケールで，調査地域が地質区のどの区分にあたるかを説明する．その上に立って，調査地域の地質構造の概要，層序の概要を述べる．地質構造については，地質図・構造図などを，層序については総合柱状図を参照しながら説明するとわかりやすい．

⑤ 層序各説：層序区分を示した後，地層の記載は下位層から上位層へ順次おこなう．層序区分も古い地層を下位に，新しい年代の地層を上位におくことが地質学における鉄則であり，次に示されているような内容を盛り込む必要がある．各項目とともにそれぞれについて記載上の注意事項を述べる．それらは細項目を立てて記載すると，読者には理解しやすい．

〈地層名の由来〉 従来の研究をもとに地層名の由来を述べる．従来の研究と定義が異なる場合は，それを明確に記載することが必要である．とりわけ，新しい地層名を提唱する場合は，「日本地質学会地層命名の指針」（§B-2参照）および「国際層序ガイド」（国際層序区分小委員会（日本地質学会訳編），2001）にしたがって，厳密な定義が必要となる．

〈模式地〉，〈分布〉 地名をできるだけ詳しく述べる必要がある．主として国土地理院の地形図に記載されている地名を使用することが望ましい．ごく一部の人々やせまい地域内でしか使われていない地名はさける．

〈層厚〉，〈層相〉 各沢柱状図をもとにして，岩相の特徴とともに側方への変化が見られる場合には，層厚とともに層相についても側方への変化を記載することが重要である．

〈産出化石〉 化石は対比・年代推定ともに堆積環境の推定に重要な役割を果たす．大型化石とともに微化石のデータの記載が必要である．化石の研究が論文の重要部分を占める場合には，章立てを別にして論じることになる．

〈下位層との関係〉整合,不整合の判定とともに,不整合の場合には露頭の記載を添えて,その関係をできるだけ詳細に述べる.

⑥ 地質構造各説:地質概説での全体の地質構造の解説にもとづいて,個々の褶曲構造や断層構造を記載する.全体の地質構造を規定する大きな構造の特徴から,順次小さいものへと記述するとわかりやすい.火成岩類の貫入などは,ここで記載し,地層との前後関係を述べるようにする.すでに放射年代の測定値がある場合には,そのデータを引用する.放射年代の測定が研究の重要な構成である場合には,章を新たに作って記述する.

⑦ 対比:近隣地域の層序と対比するとともに,年代論の議論はここでおこなう.年代決定をおこなうために珪藻化石の検討をおこなった場合には珪藻化石という章立てを,また,放射年代の測定をおこなった場合には放射年代測定という章立てを興して,対比のための基礎資料を示すことになる.

⑧ 特に力点を置いた研究内容:基本的な地域地質の検討にもとづいて,特別なテーマで研究した場合は,新しく章立てをして記述する.たとえば,断層解析による応力場の復元,堆積相解析による古環境の復元等々.

⑨ 結論:卒業研究で得られた成果を簡明に示す.箇条書きでの記述をおこなうと理解を容易にする.

⑩ 引用文献:本文中に引用した文献はすべてリストとして掲載する.掲載する順番は著者名の a,b,c 順とする.同一著者によるものは,公表年代順に記述するが,連名の場合には単著を先におく.本文中での文献の引用は次のようにおこなう.「天野(2000)は〜と述べている」,または,「〜と推定している(天野,2000)」.天野(2000)の2論文が引用されている場合には,2000 a,2000 b のようにして区別することが必要である.そして,論文の最後に掲げられている引用文献の項には,その論文に関する情報を掲載す

る．その記述方法は雑誌によって異なるので，その雑誌の投稿規定または最新号を参照することになる．投稿規程に沿っていない引用文献の記述がなされている場合には，編集委員やレフェリーの方々に余計な手間をかけることになる．論文投稿に際しては，注意することが肝心である．たとえば，地質学雑誌の場合には，次のような記載方法がとられている．

秋山雅彦，1995，有機地質学―地質学における有機物研究のすすめ―．地質雑，**101**，990-998．

「地質雑」は「地質学雑誌」の省略表現で，同様に「地学雑誌」は「地学雑」のように示される．同じ文献でも省略の仕方は雑誌によって違う場合が多い．「地球科学」の場合には，文献の記述方式が少し異なって下記のようになっている．

木村純一（1993）後期更新世の御岳火山：火山灰層序学と火山層序学を用いた火山活動の再検討．地球科学，**47**：301-321．

　論文の引用は，必要にして十分でなければならない．論文を広く読んでいることを自慢するために必ずしも必要ない論文を羅列すること，あるいは逆に個人的な感情から意図的に無視するといった事例もないわけではない．このようなことは科学者として相応しくない行為であるとして，つよく戒めなければならない．
　⑪ 図表類：ルートマップ，各沢柱状図，総合柱状図，層序表，地質図などの図表類が必要になる．地質図に示されている凡例には下位層から上位層を下から上に記入すること．卒業論文では逆の記入がなされていることがあるので注意してほしい．地質図につけられている地質断面図は通常は2方向の断面が示されている．全体の

構造を理解するのに適した断面がつけられることが望ましい．断面図は必ず南から見た断面を描くようにする．南北の断面の場合には，通常は東から見た断面となる．学部の進級論文，卒業論文の場合には，ルートマップや露頭のスケッチなど地質図が出来上がるまでの基礎的なデータが必要である．そして，そのような資料が報告書に記載されているときには，その後になって同じ地域の調査がおこなわれるときには貴重な資料として役立つ．しかし，学術論文として学会誌などに投稿する際には，必要最小限の資料に留めるのが普通であるから，とくにルートマップは問題点の説明に必要な部分以外は掲載しない．

露頭写真は本文中に組み入れたほうが理解しやすい．化石の図版などは，巻末にまとめて掲載するのがよい．

報告書の書き方については，産業技術総合研究所刊行の「地域地質研究報告（5万分の1地質図幅）」を参考にすることを薦めたい．なお，写真，図表，付図などの提示法は§C-1-3，5を参照のこと．

C-3-2 地質コンサルタント業界での報告書

地質コンサルタント業界で執筆される報告書で，これまで説明した論文の記述と異なる点は，報告書の読者が地質学の専門家だけではないということであろう．したがって，地質学の知識が多くない読者にもわかるような記述が必要になる．通常は，次のような形式をとることが多い．

① 調査の概要：調査件名，調査目的，調査地域，調査内容，調査期間，実施機関，調査業者などが簡潔に記述され，その報告書の概要が記述される．
② 調査結果：実施した調査項目ごとに記述がなされる．
③ 調査結果のまとめ
④ 主要な参考文献

⑤ 用語解説：調査報告書は地質学の専門家だけが読むとは限らない．したがって，本文の理解をたすけるための用語解説が必要になる．

D-1　用語解説

D-1-1　岩相層序区分について
地球史の古文書

　風化・侵食によって削り取られた岩屑は，礫・砂・泥となって河川によって運搬され堆積物として堆積する．河川・湖沼・海域などに堆積した堆積物は埋積されると，**地層**となって保存されることになる．このような風化・侵食・運搬・堆積などの作用は，創成期の地球上に大気・海洋が形成されて以降，絶え間なく継続してきている．形成された地層も，後の地質時代に再度，風化・侵食・運搬の過程をへて堆積するといったサイクルを繰り返す．したがって，古い地質時代になるほど，保存されている地層は少なくなる．残されたそれらの地層は，古文書を解読するのと同様に，地球の歴史を解き明かすための貴重な文書である，とみることができる．

地層累重の法則

　堆積盆地の規模と堆積条件によって地層の連続性は変化するが，連続性のよい地層であっても，その分布は堆積盆地内に限定されることになる．地層の新旧関係は，古い地層が下位に，新しい地層が上位に重なっているはずである．この関係は1669年にNicolaus Steno（1638-1686）によって見いだされ，「**地層累重の法則**」として知られている．ただし，後の地殻変動によって地層が逆転するような場合には，もとの堆積時に復元しなければならないことはいうまでもない．地層の上下関係からそれらの新旧の関係がわかると，堆積盆地内での堆積物の形成史とともに，地層の中に含まれる化石から，生物の進化史を解読することができることになる．

岩相層序区分

地層の上下関係をもとにその特徴（岩相）からの区分を岩相層序区分という．最小の区分単位は単層である．単層は明瞭な層理面によって境された地層で，cm 単位から m 単位に及ぶさまざまな規模の厚さをもつ．岩相の特徴が共通である単層が集まって部層を構成し，複数の部層の集合が層（累層ともいう）である．層は地質図に表現される地層の基本単位とされる．層のさらに上位の層序単位は層群となる．

層群：2つ以上の層の集合

層（累層ともいう）：岩相層序単位の基本単元

部層：砂岩部層，泥岩部層のように，岩相の特徴が共通である単層の集合

単層：地層の最小単元

このような岩相単元を基本として，地質図が描かれる．作成された地質図は地域の地質を表現するという意味から地域地質図とよばれている．

不整合

上下に重なる地層が連続的に重なっている場合は**整合**，不連続面（**不整合面**）で境されている場合，両者の関係は**不整合**であるという．不整合を示す不連続にはいくつかの種類がある（図 D-1-1）．

ノンコンフォーミティー：下位の火成岩や変成岩の上位に地層が重なっているような不連続関係をさす．

傾斜不整合：上下の地層群の間に地質構造上の差異がある場合で，下位の地層が上位の地層堆積前に地殻変動を受け，地層の変形を受けるとともに削剥を受けたことを示している（図 D-1-2）．

平行不整合：上下の地層には構造上の違いはないが，下位の地層が削剥を受けていることを示す関係をいう．

パラコンフォーミティー：上下の地層には構造上の違いはなく，ま

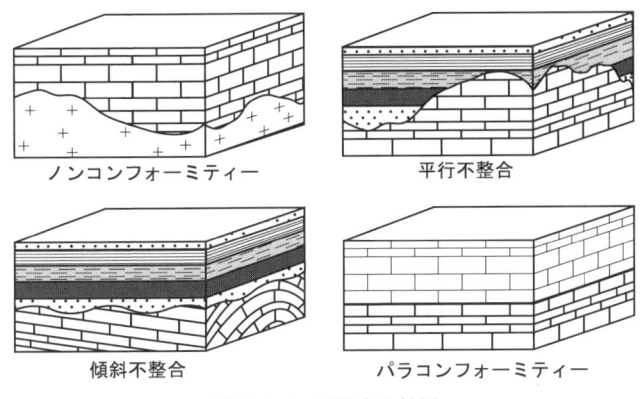

図 D-1-1 不整合の種類

図 D-1-2 英国エディンバラの東に位置する Siccar Point で観察される傾斜不整合の露頭写真

直立したシルル紀の粘板岩の上に水平に近いデボン紀の赤色砂岩が不整合に重なる．James Hutton (1726-1797) が 1788 年に発見した地質学史上，きわめて著名な露頭

た境界面も平行で連続的に見える．しかし，両者の間には，化石や放射年代などの証拠から年代上の不連続が認められる．

D-1-2　年代区分について
地層同定の法則

堆積盆地を異にする遠隔地では，地層の新旧を直接比較することはできない．そこで，化石の証拠が役割を果たすことになる．遠くはなれた地域であっても，含有される化石が同じであれば，両者は同じ時期に形成された地層であると認定される．つまり，生物進化という時計を使って時間の判定がなされるということである．このことは「**地層同定の法則**」として知られている．

対比：岩相や火山灰層のような鍵層，含有化石などをもとに，離れた地域に分布している地層の同時代性や新旧関係を判定することをさす．**鍵層**は火山灰層のように比較的広い範囲に分布し，同時性が確実な地層である．key bed の訳語で，「かぎそう」とよばれる．

相対年代

「地層累重の法則」，「地層同定の法則」などがもとになって，世界各地に分布する地層が対比され，地球の歴史区分が作り上げられてきた．このようにして作られた年代は年数の目盛をつけることができないことから，相対年代とよばれている．古生代は三葉虫を始めとする古生代型の生物が，中生代は恐竜やアンモナイトなどが，また，新生代は哺乳類が，それぞれ繁栄した時代である．そして，それぞれの時代は化石の特徴から「紀」に区分され，さらにそれらは「世」に細分される．たとえば，中生代ジュラ紀はライアス世，ドガー世，マルム世に3区分されているが，アンモナイトの進化時計によってさらにそれぞれの「世」が20，24，30の帯に区分されている．このようにして，生物進化の時計による地層の詳細な国際対比が可能になっている．

表 D-1-1　年代区分の単元

紀	世	アンモナイトによる帯
	マルム世	30 帯
ジュラ紀	ドガー世	24 帯
	ライアス世	20 帯

表 D-1-2　年代区分と年代層序区分

年代区分	年代層序区分
代（新生代）	界（新生界）
紀（新第三紀）	系（新第三系）
世（中新世）	統（中新統）
期（アキタニア期）	階（アキタニア階）

（　）内に新生代の一例を示す

年代区分表から理解できるように，生物進化時計が基準になっているところから，年代の区分は等間隔にはなっていない．一般に，古い年代ほど区分の枠は大きくなる．

地質年代の単元に対応して，その期間に堆積した地質系統は表 D-1-2 のように規定されている．たとえば，ジュラ紀に堆積した地質系統はジュラ系とよばれる．

絶対年代

相対年代に対して，絶対年代というのは年数の目盛がつけられた年代である．地層のなかの鉱物に含まれる放射性同位元素の崩壊量を測定することによって，その鉱物の**放射年代**を知ることができる．ウラニウム（^{238}U，^{235}U）・ルビジウム（^{87}Rb）・カリウム（^{40}K）・炭素（^{14}C）などの元素が利用されている．地層を構成する粒子は通常，古い岩石が風化・侵食・運搬・堆積の過程で形成されることから，地層形成時の年代を示すわけではない．そこで，地層の堆積時に火山噴火に由来して形成された火山灰層に含まれる鉱物が年代測定に使われる．また，火成岩体に貫かれている地層は，そ

の火成岩の形成年代より新しく，逆にそれを覆って堆積した地層の場合はその年代よりも新しいことになる．火成岩に含まれる鉱物の年代はその火成岩の形成年代を表していることから，火成岩の放射年代が決まれば，問題の地層の年代は火成岩との新旧関係から，年代の上限または下限が決まることになる．このような調査・研究を積み重ねることによって，相対年代表に放射年代による絶対年代の目盛がふられ，表紙見返しに示されているような地質年代表が作られてきた．研究が進むにつれて，年代表の絶対年代の目盛りは精度を増してくることになる．古い時期に出版されている地質年代表の目盛りが新しいものと違っているのは，そのような理由からである．今後も変更が加えられる可能性はある．

最近ではミランコビッチ・サイクルに基づく天文年代が使われている（137頁参照）．

年代区分の名称の由来

ジュラ紀，中新世などの地質年代名が出るたびに，地質年代表を参照してほしい．地質年代の名称はなじみにくい名称が多い．とくに，古生代を6区分する「紀」は分布地域の古い地名や古い民族名に由来するためである．以下に，各「紀」の由来を簡単に紹介しておこう．

カンブリア紀：英国ウェールズ地方の古名に由来．

オルドビス紀：英国北ウェールズ地方の古代ケルト族の名 Ordovices に由来．

シルル紀：英国北ウェールズ地方古代ブリトン族の名 Silures に由来．

デボン紀：イングランド南西部の州 Devonshire のラテン名に由来．

石炭紀：イングランドやウェールズで石炭を多産することに由来．

ペルム紀：東ロシアのペルム地方に由来，二畳紀とよばれることもあるが，それはドイツでこの時代の地層が二分されている Dyas 層にもとづく訳語．

トリアス紀：ドイツではこの時期の地層が3種類の地層からなることからtri(3)のラテン語に由来．日本語に訳し，三畳紀も使われる．

ジュラ紀：スイスとフランスの国境にあるジュラ山脈に由来．

白亜紀：英国・フランスに広く分布する灰白色の軟土である白亜のラテン語（creta）の形容詞（cretaceous）の訳語．

第三紀：18世紀はじめのヨーロッパで，地層は第一期（始原期），第二期，第三期のように3つに区分されていた．第三期だけが第三紀として年代区分表に残された．

第四紀：19世紀になってから，第三紀にならって命名された．

D-1-3　岩石の分類

岩石の三大区分

地表にはさまざまな岩石が分布している．それらは，岩石の成因をもとに，堆積岩・火成岩・変成岩の3種類に大きく区分される．

〔堆積岩〕

すでに地表に露出している岩石が風化・侵食・運搬され堆積して形成された堆積物（砕屑物，化学的沈殿物），または火山の噴火によって堆積した火山砕屑物が固化して形成された岩石である．

砕屑岩：礫（粒子サイズ：2 mm以上）・砂（2〜1/16 mm）・泥（1/16 mm以下）などの砕屑物が固化した岩石が**礫岩・砂岩・泥岩**である（第3巻参照）．

化学岩：水溶液から化学的過程で沈殿し形成された岩石の総称で，蒸発によって海水から形成される岩塩（$NaCl$）や石膏（$CaSO_4 \cdot 2H_2O$）などはとくに**蒸発岩**とよばれる．炭酸塩からなる石灰岩（$CaCO_3$）・苦灰岩（$(Ca,Mg)CO_3$），珪酸からなるチャート（SiO_2）などは代表的な化学岩である．化学岩の形成には生物活動が関与する場合が多い．

表 D-1-3 火山砕屑岩の分類

粒径	64 mm		2 mm
噴出物	火山岩塊	火山礫	火山灰
岩石名	火山角礫岩（火山岩塊多い） 凝灰角礫岩（火山岩塊少ない）	ラピリストーン（火山礫多い） 火山礫凝灰岩（火山灰多い）	凝灰岩

火山砕屑岩：火山の噴火によって放出された火山砕屑物は，粒子サイズによって，火山岩塊（64 mm 以上）・火山礫（64〜2 mm）・火山灰（2 mm 以下）に区分される．それらが固化して形成された岩石が**火山角礫岩・ラピリストーン・凝灰岩**とよばれる．構成粒子の量比によって，凝灰角礫岩，火山礫凝灰岩などの分類が加わる．火口近くに堆積した火山灰が高温のため融けて固化してつくられた岩石を**溶結凝灰岩**とよぶ（第 4 巻参照）．

〔火成岩〕

地球内部に由来する高温のマグマから固結してつくられた岩石で，マグマの化学成分や固結時の条件の違いによってさまざまな火成岩がつくられる．岩石を構成する鉱物には，主成分鉱物として，石英・カリ長石・斜長石などの無色鉱物と，雲母・角閃石・輝石・かんらん石などの有色鉱物がある．これらのすべては石英の成分であるシリカ（SiO_2）が中心的な役割をもつ珪酸塩鉱物である．

分類の基準：化学組成上で SiO_2 の含まれる量比によって，酸性（66 wt ％以上）・中性（66〜52 wt ％）・塩基性（52 wt ％以下）に 3 区分され，それぞれを**酸性岩・中性岩・塩基性岩**という．酸性・塩基性という用語は化学で使われている定義と異なっていることに注意してほしい．このような化学組成の違いによって，岩石の色調は酸性岩の明色から塩基性岩の暗色へと変化する．この色調は色指数として，つぎのように定義されている．

色指数（％）＝（有色鉱物の体積／岩石の体積）×100

主成分鉱物の構成も SiO_2 の wt ％によって表 D-1-4 に示したよ

うに変化する．無色鉱物の石英・カリ長石は酸性岩に多く，塩基性岩には含まれていない．斜長石の化学組成は酸性岩で Na が多い曹長石と塩基性岩では Ca が多い灰長石との間で，SiO_2 組成の変化にしたがって，連続的に変化する固溶体をなす．有色鉱物の組合せも，SiO_2 組成の変化とともに異なる．

　火成岩の分類のもう1つの基準は組織の差異で，やはり3区分されている．地表に噴出した火山岩ではガラス質の部分（石基）と結晶（斑晶）とからなる．地下深部で固結した深成岩は花崗岩にみられるように大きな結晶が組み合わさっている．その中間の半深成岩では斑状の組織をなすが，火山岩と違ってガラス質の部分は認められない．

火成岩の種類：化学組成からの3区分と組織上の3区分の組合せで，基本的に火成岩は表 D-1-4 のように9種類に区分されている．

表 D-1-4　火成岩の基本的な分類表

SiO_2 の wt %		多	66	52	少
色指数（%）		明色	10	35	暗色
完晶質	粗粒	深成岩	花崗岩	閃緑岩	斑れい岩
		半深成岩	石英斑岩	ひん岩	輝緑岩
ガラス質	細粒	火山岩	流紋岩	安山岩	玄武岩

〔変成岩〕

　堆積岩や火成岩が新たな温度・圧力の条件下におかれて，新しい鉱物組合せからなる岩石が生成する．このような作用を変成作用，それによって新しく生まれた岩石を変成岩という（第7巻参照）．

変成作用：変成作用における温度条件は通常 100〜1,000℃，圧力条件は 0.1 MPa〜4 GPa 程度である．火成岩体の貫入による高温での変成作用を**接触変成作用**，造山帯などで広域にわたって形成される**広域変成作用**，断層帯で破壊される**動力変成作用**の3種があ

表 D-1-5　変成岩の例

変成作用の種類	変成岩の種類	特徴と生成鉱物
接触変成作用	ホルンフェルス	等粒・モザイク状，黒雲母・菫青石・紅柱石などの斑状結晶
広域変成作用	千枚岩 結晶片岩	片理が発達，絹雲母・緑泥石 剝離・片理が発達，変成鉱物
動力変成作用	マイロナイト （圧砕岩）	縞状の組織，細粒の基質と母岩の残晶の混合

る．

変成岩の種類：変成作用によって形成される岩石は特徴的な鉱物を含み，それらの組合せと化学組成から変成作用の温度・圧力条件を復元することができる．変成作用の種類と形成される代表的な変成岩，それらの鉱物組合せを表示する．

D-1-4　地質構造

　地層は基本的には水平に形成されるが，その後の地殻変動によってさまざまな変形を受ける．変形は断層・褶曲構造として観察することができる（第6巻参照）．

断層

　地層または岩石が破砕され，不連続面に平行な変位が生じている場合，それを**断層**，そして不連続面を**断層面**という．断層面の上位側を上盤，下位側を下盤とよぶ．変位が上下にあるときは，上盤と下盤との相対的な変位のあり方で，**正断層**または**逆断層**とよぶ．また，水平方向の変異が大きいときには，変位の方向から**右横ずれ断層**または**左横ずれ断層**とよぶ（図 D-1-3 参照）．変位の大きさにはさまざまなものがあり，単層を切断するだけの cm 単位の小さなものから，フォッサマグナの西縁を画する糸魚川―静岡構造線のように地質区の境界をなすような大きなスケールの断層もある．

　人類が経験した断層も数多く知られている．たとえば，1891年

図 D-1-3　断層の種類

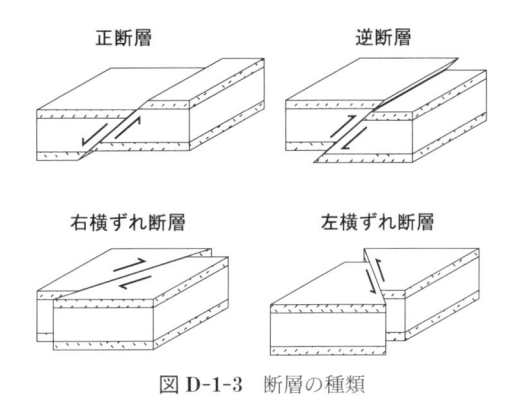

に起きた濃尾地震では，岐阜県南部の根尾谷で水平方向に4m，垂直方向に6mの変位があり，根尾谷断層としてよく知られている．現地では，今もその変位が観察できる．

褶曲構造

　形成時には水平であったはずの地層が，その後の地殻変動の結果，波曲状に変形を受けることがある．そのような変形は断層の場合と違って，切断はともなわず連続しての変形で，**褶曲**とよばれる（図 D-1-4）．馬の背のようになった凸部を**背斜**，反対に凹部を**向斜**とよぶ．

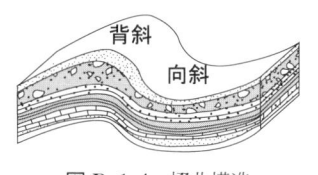

図 D-1-4　褶曲構造

堆積構造

堆積過程で形成される初生的堆積構造と，堆積後の未凝固段階で堆積物中に形成される二次的堆積構造とがある（第3巻参照）．

〔**初生的堆積構造**〕

内部堆積構造（葉理（ラミナ）・層理・級化層理（級化成層））と表面堆積構造（流痕・リップル）などがある．

葉理（ラミナ）：地層の中に見られる最小単位の層構造で，堆積物を運搬する水や大気の流れの変化に応じて形成される縞模様．

層理：堆積条件の変化を反映して形成された成層構造で，層理面で画された地層は単層とよばれ，層序区分の最小単位である．

級化層理（級化成層）：単層内で砕屑物が下位から上位に向かって細粒化（級化）する成層構造．タービダイトなどに特徴的にみられる．

タービダイト：地震や過荷重による湖底や海底の崩壊によって，または洪水によって，堆積物が間欠的に深い水域に運搬される．このような流れを**混濁流**という．混濁流によって運搬され，堆積した堆積物はタービダイトとよばれ，特徴的な堆積構造を示す．代表的な堆積場は海底扇状地である．

流痕：水流やそれによって運搬された礫などによってえぐられ，単層上面に残された痕跡をさし，さまざまな形態が知られている．それらは地層形成当時の流れ（**古流向**）の解析や地層の上下判定などに役立つ．

リップル：風や水の流れによって砂粒が運搬され，それにともなってつくられる規則的な波状の堆積構造．その形態は流れのタイプ・流速・粒子サイズなどによって違ってくることから，当時の環境や水理条件の推定に役立つ．

〔**二次的堆積構造**〕

堆積後に形成されたもので，変形構造と生物活動（生痕・生物

擾乱）とがある．

変形構造：未凝固の堆積物に不均一な荷重がかかると，泥層の上に重なる砂層の下底面に不規則なこぶ状の構造（**荷重痕**）が形成される．いっぽう，下位の泥層は突出してローソクの先端の形に似た構造（**火炎構造**）をつくる．堆積物に含まれている間隙水の移動によって粒子の再配列が起こり，新たな堆積構造（**脱水構造，コンボルート葉理**）などがつくられる．堆積物の割れ目が他の堆積粒子によって充填された場合，岩脈状を呈する（**堆積岩脈**）．堆積岩脈には砂岩からなる**砂岩岩脈**が多い．

生痕：生物の活動によって堆積物に刻印された痕跡で，**巣穴**などの住み跡，這い跡をさす．地層の表面や内部に残された生痕は，堆積環境の解析とともに，古生物の行動様式の解明に役立つ．このような生物活動によって堆積粒子が再配列し，それにともなって堆積物の堆積構造が乱される（**生物擾乱またはバイオターベイション**）．

ミランコビッチ・サイクル（**Milankovitch cycle**）：地球の公転軌道の離心率，自転軸の傾き，歳差運動の三つの要素が地球の気候に周期的な変化をもたらすとする仮説がセルビアの物理学者ミランコビッチによって20世紀前半に提唱された．海洋堆積層に含まれる石灰質有孔虫の酸素同位体比から推定される古気候のデータがミランコビッチ・サイクルに対応していることから絶対年代（年代数値）を推定することが可能になり，中生代白亜紀までの海成層の絶対年代が決められるようになった．そのため詳細な地質年代表には放射年代とは違って，誤差の表示はなされていない．

D-2　参考文献

　　引用文献以外にも，読者がより進んだ学習をする際に役立つものをあげておくので参考にしていただきたい．フィールドジオロジーを勉強して行く上で特に参考となるものに☆印をつけておく．

Ahmed, F. and Almond, D. C., 1983, Field mapping for geology students. George Allen & Unwin, 72pp.

Barnes, J., 1981, Basic geological mapping. John Wiley & Sons, 112pp.

秋山雅彦, 1995, 有機地質学―地質学における有機物研究のすすめ―. 地質雑, **101**, 990-998.

天野一男, 1998, 地域地質再考―実社会と結びついた地質学研究・教育をめざして―. 地質学論集, **49**, 1-7.

Chamberlin, T. C., 1897, The method of multiple working hypothesis. *Jour. Geol.,* **5**, 837-848.

Compton, R. R., 1962, Manual of field geology. John Wiley & Sons, 378pp.

Compton, R. R., 1985, Geology in the field. John Wiley & Sons, 398pp.

☆藤田和夫・池辺　穣・杉村　新・小島丈児・宮田隆夫, 1984, 新版　地質図の書き方と読み方. 古今書院, 194 pp.［地質図学の古典的名著］

☆羽田　忍, 1990, 地質図の読み方・書き方. 共立出版, 124 pp.［ユニークなスケッチに味がある］

☆原田憲一, 1990, 地球について. 国際書院, 373 pp.［地質学を根元から考えたい人向き］

☆ホームズ, A., 1983, 一般地質学Ⅰ, Ⅱ, Ⅲ（原書第3版）. 東京大学出版会, 537 pp.［地質学の世界一周旅案内書. 古典的名著］

茨城大学理学部地球科学教室編, 1986, 一般地球科学実験・演習（改訂第1版）. ふじた印刷, 86 pp.

石居　進, 2003, 理系のためのPowerPoint「超」入門. 講談社, 238 pp.

泉　靖一, 1967, フィールドノート―文化人類学・思索の旅―. 新潮社, 303

pp.

☆今村遼平・岩田健治・足立勝治・塚本　哲，1983，画でみる地形・地質の基礎知識．鹿島出版会，233 pp．［フィールドですぐに役立つわかりやすい教科書］

金栗　聡・天野一男，1995，南部フォッサマグナ富士川谷南東部に分布する富士川層群の地質とナンノ化石層序．地質雑，**101**，162-178．

☆狩野謙一，1992，野外地質調査の基礎．古今書院，148 pp．［著者の人柄がしのばれる名著］

笠井勝美・酒井豊三郎・相田吉昭・天野一男，2000，八溝山地中央部におけるチャート・砕屑岩シークエンス．地質雑，**106**，1-13．

川喜多二郎，1967，発想法．中公新書，202 pp．

☆国際層序区分小委員会（日本地質学会訳編），2001，国際層序ガイド－層序区分・用語法・手順へのガイド－．共立出版，238 pp．［地質学の基本．地質学徒必読の書］

小竹信宏，1988，房総半島南端地域の海成上部新生界．地質雑，**94**，187-206．

☆倉林三郎，1984，地学ステレオ図集．実教出版，102 pp．［楽しいステレオ図オンパレード．楽しみながら理解するステレオ図］

☆松野久也，1976，写真地質．実業広報社，284 pp．［空中写真判読のための必読文献］

McClay, K., 1987, The mapping of geological structures. John Wiley & Sons, 161pp.

湊　正雄・小池　清，1954，地質調査法．古今書院，216 pp．

三田直樹，1998，野外調査でのエキノコックス感染にご注意を！．日本地質学会 News，1 (5)，16-17．

☆三梨　昂・山内靖喜編著，1987，地質調査法，地学団体研究会，303 pp．［丁寧でわかりやすい教科書］

宮治　誠，1996，海外で感染する真菌症．地質雑，**102**，567．

Moseley, M., 1981, Methods in field geology. Freeman and Company, 211pp.

日本写真測量学会，1980，空からの調査－空中写真の判読と利用．鹿島出版会，357 pp．

日本自然保護協会，1982，野外における危険な生物．思索社，294 pp．

☆岡本　隆・堀　利栄，2003，地質図学演習．古今書院，54 pp．［図学の練習

問題集として最適]

奥村　清編, 1978, 地学の調べ方. コロナ社, 279 pp.

大森昌衛編, 1967, 地学野外調査の方法. 築地書館, 262 pp.

☆大杉　徹・坂　幸恭, 1983, 基礎地質図学（作図と読図）. 前野書店, 40 pp. [豊富な図学練習問題]

Ragan, D. M., 1973, Structural geology—An introduction to geometrical techniques. John Wiley & Sons, 208pp.

☆坂　幸恭, 1993, 地質調査と地質図. 朝倉書店, 109 pp. [やや構造地質学よりの調査指南書]

下総台地研究グループ, 1984, 千葉県手賀沼周辺地域における木下層基底の形態と層相の関係. 地球科学, **38**, 226-234.

島　和也, 1979, ステレオ写真入門. 朝日ソノラマ, 176 pp.

☆高安克己・大西郁夫, 1985, 地学ハンドブックシリーズ・1 地質図学. 地学団体研究会, 160 pp. [丁寧な説明]

Thorpe, R. and Brown, G., 1985, The field description of igneous rocks. John Wiley & Sons, 154pp.

Tucker, M., 1982, The field description of sedimentary rocks. John Wiley & Sons, 112pp.

横山芳春・安藤寿男・大井信三・山田美隆, 2001, 下総層群"見和層"に認められる2回の相対海水準変動の記録：茨城県南東部石岡―鉾田地域の例. 堆積学研究, **54**, 9-20.

吉井敏尅, 1978, 日本列島付近の基礎的な地球物理データ. 科学, **48**, 489-494.

【地方地質誌】

「日本の地質全9巻, 増補版」（共立出版, 1986—1992, 2005）

「日本地方地質誌, 全8巻」（朝倉書店, 2006—2017）

【事典類など】

地学団体研究会編, 1996, 新版　地学事典. 平凡社, 1443 pp.

Hancock, P. L. and Skinner, B. J., 2000, The Oxford companion to the earth.

Oxford University Press, 1174pp.

Jackson, J. A., 1997, Glossary of geology (4th edition). American Geological Institute, Alexandria, 769pp.

国立天文台編, 2020, 理科年表 2021 年版. 丸善, 1174pp.

Parker, S. P., 1988, McGraw-Hill encyclopedia of the geological sciences (2nd edition). McGraw-Hill, 722pp.

索　　引

ア

秋田駒ヶ岳　　33
亜層群　　29
雨具　　7
安全靴　　7

イ

板付きクリノメーター　　53
糸魚川-静岡構造線　　134
色鉛筆　　10
色指数　　132
インターネット　　4
引用文献　　121

エ

液晶プロジェクタ　　115
エキノコックス　　44
塩基性岩　　133
塩酸　　11
エンジンドリル　　103

オ

応用地質学　　21
大割り　　99
折り尺　　10
オルドビス紀　　130

カ

概査　　5, 83
海成砕屑岩類　　32
灰長石　　133

海底扇状地　　136
火炎構造　　137
化学岩　　131
鍵層　　32, 128
学術論文　　123
花崗岩　　89
火砕流　　29
火山　　iii, v
火山角礫岩　　132
火山岩塊　　132
火山砕屑岩　　132
火山灰　　132
火山灰層　　33
火山礫　　132
火山礫凝灰岩　　132
荷重痕　　137
火成岩　　ii, 132
化石　　1
化石産地　　24
仮説　　2
河川　　21
活断層　　17
画板　　74
カメラ　　10
簡易測量　　6
環境科学　　i
環境ホルモン　　v
環境問題　　v
関西地図センター　　25
岩石の整形法　　100
岩相境界面　　88
岩相層序区分　　126

岩相層序単元　26
岩相の境界面　88
岩相の変化　84
岩体　29
関東地方　33
関東ローム　33
貫入岩体　29
カンブリア紀　130

キ

紀　128
記載カード　66
寄生虫　44
級化層理　136
救急用医薬品　11
凝灰角礫岩　132
凝灰岩　132
境界模式地　31
仰角　58
許可申請書類　11
キーワード　118
金属ブラシ　9

ク

空中写真　5, 6, 18
空中写真の購入法　18
空中写真判読　vi
クリノメーター　10, 15, 53

ケ

傾斜　10, 50
傾斜測定用指針　59
傾斜不整合　126
携帯高度計　14
軽登山靴　7
結論　115
研究手段　115

研究成果　115
研究ノート　107
健康保険証　12
顕微鏡　46

コ

広域変成作用　133
高温高圧実験　1
向斜　135
鉱床　24
交通事故　12
口頭発表　107, 115
鉱物　10
鉱物粒子　46
国際層序ガイド　26, 27
国定公園　11
国土基本図　6
国土地理院　5, 18
国立公園　11
湖沼調査　11
古地磁気の測定　103
小つるはし　8
湖底堆積物　96
5万分の1の地質図　5
固溶体　133
古流向　136
混在岩体　29
混濁流　136
コンボルート葉理　137

サ

砕屑岩　131
砂岩　131
砂岩岩脈　137
サブザック　7
沢の歩き方　40
沢登り　40

産業技術総合研究所　4, 24, 123
酸性岩　133
三点支持　42
三波川帯　23
サンプル番号　104
サンプル袋　11

シ

地下足袋　8
シーケンス層序　iii
磁針　15
地震　v
地こり　6
地こり地形　21
自然災害　v, 1
実体鏡　6, 18
自転軸　15
磁北　15
シミュレーション　1
謝辞　115, 119
斜面崩壊　42
褶曲　i, 135
ジュラ紀　131
条線　66
蒸発岩　131
省略記号　76, 77
初生的堆積構造　136
試料用ラベル　104
シルバーコンパス　73
シルル紀　130
深海掘削船「ちきゅう」　1
震源分布　20
新生代　32
真の傾斜　91
新聞紙　11
真北　15

新模式地　31
森林基本図　6

ス

水系模様　23
水準器　53
水中火山岩　iii
スクラップ帳　108
ステレオベース　69
スパッツ　8
墨入れ　10, 108
スライド　68, 108

セ

世　128
成果のもつ意義　115
整合　126
生痕　137
生物擾乱　137
石炭紀　130
石基　133
接写用レンズ　69
接触変成作用　133
絶対年代　129
線構造　10, 52, 55
先取権　27

ソ

層　29, 126
双眼鏡　9
層群　29, 126
走向　10, 50
走向線　50
走向板　10, 61
層準　84
層序学　79
層序断面図　31

相対年代　*128*
曹長石　*133*
層理　*136*
卒業研究　*119*

タ

第三紀　*131*
堆積岩　ii, *131*
堆積岩脈　*137*
堆積構造　*65, 80*
タイトル　*118*
対比　*128*
第四紀　*9, 131*
たがね　*10*
滝　*41*
滝まき　*41*
多数作業仮説　*2*
脱水構造　*137*
タービダイト　*136*
たわし　*9*
段丘　*21*
炭酸カルシウム　*11*
単層　*29, 126*
断層　i, *134*
断層面　*134*
単歩　*71*
断面線　*91*

チ

地域地質研究報告　*123*
地域地質図　*126*
地学事典　*11*
地学情報サービス　*25*
地球　v
地球科学　*117*
地形学　*17*
地形情報　*13*

地形図　*5, 13*
地形図の折りたたみ方　*111*
地形等高線　*88*
地形面　*88*
地質学雑誌　*118*
地質構造　ii
地質構造図　*31*
地質図　*5, 24, 32, 88*
地質図学　*89, 90, 95*
地質図カタログ　*5*
地質断面図　*88, 91*
地質調査　*5*
地質調査所　*123*
地質年代区分　*79*
地質年代表　*130*
チゼル型　*8*
地層境界　*84*
地層同定の法則　*79, 128*
地層の厚さ　*80, 83*
地層の境界面　*88*
地層の傾斜角　*83*
地層命名　*26*
地層累重の法則　*79, 125*
地表面の傾斜角　*83*
中央構造線　*23*
柱状図　*66, 80*
調査時のモラル　*44*
超層群　*29*
直線　*50*
直たがね　*10*
地理学　*17*

テ

泥岩　*131*
定方位試料　*101*
テクトニクス　*37*
デジタルカメラ　*10, 69, 108*

手袋　8
テフラ　96
デボン紀　130
デルマトグラフ　19
天気予報　40

ト

東京地学協会　25
投稿規定　122
等高線　13
動力変成作用　133
渡河　41
土石流　v
トラフ　33
トリアス紀　131
トレンド　52

ナ

長靴　7
南部フォッサマグナ　33

ニ

二次的堆積構造　136
日本自然保護協会　44
日本地質学会　5, 26
日本地質学会地層命名の指針　27
日本地質図データベース　5
日本地方地質誌　4
日本の地質　全9巻　4
入林許可書　11

ネ

根尾谷断層　135
ネガフィルム　68
ねじり鎌　8
年代区分の名称　130

ノ

ノート型パソコン　11
ノンコンフォーミティー　126

ハ

バイオターベイション　137
背斜　135
白亜紀　131
薄片箱　109
破砕帯　65
パソコン　107
バックアップ　108
パラコンフォーミティー　126
万国地質学会議　v
斑晶　133
ハンドレベル　58, 59
ハンマー　8, 96

ヒ

微地形　18
ピック型　8
標高　86
平たがね　10
ヒル　8

フ

フィールドジオロジー　i, 1, 39
フィールドノート　10, 64, 107
付加体　37
付加体地質学　ii
深田式クリノコンパス　57
複歩　71
副模式地　31
不整合　84, 126

不整合面　89
部層　29, 126
伏角　52
プランジ　52, 53
プリント　108
フルートキャスト　55
プレート　37
文献調査　4
噴出岩体　29
分度器　10, 55
分布幅　83

ヘ

平行不整合　126
蛇　8
ペルム紀　130
ヘルメット　6
偏角　15, 55
偏角補正　55
変成岩　ii, 133
変成岩体　29
片理　49

ホ

防寒着　7
報告書　107
放射性廃棄物　1
放射年代　129
房総半島　33
保険　12
ポジフィルム　68
北海道鉱業振興協会　25
歩幅　71
ホモニム　30
ボーリングコア　30

マ

巻き尺　10, 83

ミ

見かけの傾斜　91, 93

メ

面　50
面構造　53

モ

模式地　30

ヤ

野外科学　2
野外地質学　ii
野帳　10
八溝山地　37

ユ

有色鉱物　133
ユニバーサルクリノメーター　57

ヨ

溶結凝灰岩　132
葉理　136
横ずれ断層　134

ラ

ラピリストーン　132
ラベリング　103

リ

立体視　6, 18
立体写真　21, 69

立体写真撮影法　　vi
リップル　　136
粒径　　80
流堆積物　　29
流理構造　　49
領家帯　　23

ル

ルートマップ　　5, 68, 71, 73
ルートマップの精度　　75
ルーペ　　10, 46

レ

礫岩　　131
レーク　　52

ロ

露出幅　　83
露頭　　9, 39
露頭写真　　68
露頭のスケッチ　　64
論文　　107

A

absolute age（絶対年代）　　129
accretionary prism（付加体）　　37
acidic rock（酸性岩）　　133
acknowledgment（謝辞）　　115
active fault（活断層）　　17
aerial photograph（空中写真）　　5
albite（曹長石）　　133
altitude（標高）　　86
angular unconformity（傾斜不整合）　　126
anorthite（灰長石）　　133

anticline（背斜）　　135
appearant dip（見かけの傾斜）　　91
applied geology（応用地質学）　　21

B

basic rock（塩基性岩）　　133
bed（単層）　　29
bedding（層理）　　136
bioturbation（バイオターベイション）　　137
bioturbation（生物擾乱）　　137

C

calcium carbonate（炭酸カルシウム）　　11
Cambrian Period（カンブリア紀）　　130
Carboniferous Period（石炭紀）　　130
chemical rock（化学岩）　　131
clastic rock（砕屑岩）　　32
colored minerals（有色鉱物）　　133
columnar section（柱状図）　　67
computer simulation（コンピューターシミュレーション）　　1
conformity（整合）　　126
conglomerate（礫岩）　　131
contact metamorphism（接触変成作用）　　133
contour line（等高線）　　13
convolute lamination（コンボルート葉理）　　137
correlation（対比）　　128

Cretaceous Period（白亜紀） *131*
cross section（地質断面図） *88*
crush zone（破砕帯） *65*

D

debris flow（土石流） v
declination（偏角） *15*
Devonian Period（デボン紀） *130*
dip（傾斜） *10*
drainage pattern（水系模様） *23*
dynamic metamorphism（動力変成作用） *133*

E

earth（地球） v
earth science（地球科学） *118*
earth system（地球システム） *1*
earthquake（地震） v
endocrine disrupters（環境ホルモン） v
environmental science（環境科学） i
epoch（世） *128*
evaporite（蒸発岩） *131*

F

fault（断層） i
fault plane（断層面） *134*
field geology（フィールドジオロジー） i
field geology（野外地質学） ii
field note（フィールドノート） *10*
field note（野帳） *10*
field sciences（野外科学） *2*
flame structure（火炎構造） *137*
flow deposit（流堆積物） *29*
flow structure（流理構造） *49*
flute cast（フルートキャスト） *55*
fold（褶曲） i
foliation（面構造） *53*
Formation（層） *29*
fossil（化石） *1*

G

geochronological classification（地質年代区分） *79*
geography（地理学） *17*
geologic time table（地質年代表） *130*
geological compas/clinometer（クリノメーター） *10*
geological map（地質図） *5*
geological mapping（地質図学） *89*
geological structure（地質構造） ii
geological survey（地質調査） *5*
Geological Survey of Japan（地質調査所） *123*
GPS *11*
graded bedding（級化層理） *134*
grain diameter（粒径） *80*
granite（花崗岩） *89*
groundmass（石基） *133*

Group（層群） *29*

H

hand lens（ルーペ） *10*
hand level（ハンドレベル） *58*
high-temperature and high-pressure experiment（高温高圧実験） *1*
homonym（ホモニム） *30*
horizon（層準） *84*
hydrochloric acid（塩酸） *11*
hypocenter distribution（震源分布） *20*
hypothesis（仮説） *2*

I

igneous rock（火成岩） ii
International Geological Congress（万国地質学会議） v
international stratigraphic guide（国際層序ガイド） *26*
intrusive rock（貫入岩体） *29*
Itoigawa-Shizuoka tectonic line（糸魚川-静岡構造線） *134*

J

James Hutton *127*
Jurassic Period（ジュラ紀） *131*

K

Kanto loam formation（関東ローム） *33*
key bed（鍵層） *32*

L

lacustrine deposit（湖底堆積物） *96*
lamina（葉理） *136*
landslide（地辷り） *6*
landslide topography（地辷り地形） *21*
lapilli tuff（火山礫凝灰岩） *132*
lapillistone（ラピリストーン） *132*
lappilli（火山礫） *132*
lateral fault（横ずれ断層） *134*
law of strata identified by fossils（地層同定の法則） *79*
law of superposition（地層累重の法則） *79*
linear structure（線構造） *10*
lithostratigraphic classification（岩相層序区分） *124*
lithostratigraphic unit（岩相層序単元） *26*
load structure（荷重痕） *137*

M

magnetic north（磁北） *15*
Median Tectonic Line（中央構造線） *23*
member（部層） *29*
metamorphic rock（変成岩） ii
microtopography（微地形） *18*
mineral（鉱物） *10*
mixed rock body（混在岩体）

29

mudstone（泥岩） *131*

multiple working hypothesis（多数作業仮説） *2*

N

natural disaster（自然災害） *v*

Neodani fault（根尾谷断層） *135*

Neogene（新生代） *32*

nonconformity（ノンコンフォーミティー） *124*

O

oral presentation（口頭発表） *107*

Ordovician Period（オルドビス紀） *130*

ore deposit（鉱床） *24*

oriented sample（定方位試料） *101*

outcrop（露頭） *9*

P

paleocurrent（古流向） *134*

paraconformity（パラコンフォーミティー） *126*

parallel unconformity（平行不整合） *126*

period（紀） *128*

Permian Period（ペルム紀） *130*

phenocryst（斑晶） *133*

plane（面） *50*

plate（プレート） *37*

plunge（プランジ） *52*

plunge（伏角） *52*

PowerPoint *108*, *115*, *117*

primary sedimentary structure（初生的堆積構造） *136*

pyroclastic flow（火砕流） *29*

pyroclastic rock（火山砕屑岩） *132*

Q

Quaternary Period（第四紀） *131*

R

radiometric age（放射年代） *129*

rake（レーク） *52*

reference（引用文献） *121*

regional metamorphism（広域変成作用） *133*

relative age（相対年代） *128*

Ryoke belt（領家帯） *23*

ripple（リップル） *136*

rock body（岩体） *29*

route map（ルートマップ） *5*

S

Sanbagawa belt（三波川帯） *23*

sand dike（砂岩岩脈） *137*

sandstone（砂岩） *131*

schistosity（片理） *49*

sedimentary dike（堆積岩脈） *137*

sedimentary rock（堆積岩） *ii*

sedimentary structure（堆積構造） *65*

sequence stratigraphy（シーケンス層序）　iii
Siccar Point　127
Silurian Period（シルル紀）　130
simulation（シミュレーション）　1
slope failure（斜面崩壊）　42
solid solution（固溶体）　133
South Fossa Magna（南部フォッサマグナ）　33
stereoscope（実体鏡）　6
straight line（直線）　50
stratigraphic nomenclature（地層命名）　26
stratigraphic profile（層序断面図）　31
stratigraphy（層序学）　79
striation（条線）　66
strike（走向）　10
strike line（走向線）　50
structural map（地質構造図）　31
subaqueous volcanic rocks（水中火山岩類）　iii
Subgroup（亜層群）　29
submarine fan（海底扇状地）　136
Supergroup（超層群）　29
surface of unconformity（不整合面）　89
syncline（向斜）　135

T

tectonics（テクトニクス）　37
tephra（テフラ）　96
terrace（段丘）　21
Tertiary Period（第三紀）　131
the Geological Society of Japan（日本地質学会）　5
the Journal of the Geological Society of Japan（地質学雑誌）　118
topographic contour（地形等高線）　88
topographical map（地形図）　5
trace（生痕）　137
trend（トレンド）　52
Triassic Period（トリアス紀）　131
trough（トラフ）　33
true dip（真の傾斜）　91
true north（真北）　15
tuff（凝灰岩）　132
tuff breccia（凝灰角礫岩）　132
turbidite（タービダイト）　136
turbidity current（混濁流）　136
type locality（模式地）　30

U

unconformity（不整合）　84
universal clinometer（ユニバーサルクリノメーター）　57

V

vertical angle（仰角）　58
volcanic ash（火山灰）　132
volcanic ash layer（火山灰層）　32
volcanic block（火山岩塊）

132
volcanic breccia（火山角礫岩） *132*
volcano（火山） iii

W

water-escape structure（脱水構造） *137*
welded tuff（溶結凝灰岩） *132*

NDC 450 検印廃止 ©2004

フィールドジオロジー 1
フィールドジオロジー入門

2004 年 4 月 15 日　　初版 1 刷発行
2023 年 9 月 1 日　　初版 9 刷発行

編 者	日本地質学会フィールドジオロジー刊行委員会
著 者	天野一男, 秋山雅彦
発行者	南條光章
発行所	**共立出版株式会社**

東京都文京区小日向 4-6-19
電話　03-3947-2511 番（代表）
郵便番号 112-0006
振替口座 00110-2-57035
URL　www.kyoritsu-pub.co.jp

印　刷
製　本　　壮光舎印刷株式会社

Printed in Japan

ISBN 978-4-320-04681-8

一般社団法人
自然科学書協会
会　員

JCOPY ＜出版者著作権管理機構委託出版物＞
本書の無断複製は著作権法上での例外を除き禁じられています. 複製される場合は, そのつど事前に, 出版者著作権管理機構（TEL：03-5244-5088, FAX：03-5244-5089, e-mail：info@jcopy.or.jp）の許諾を得てください.

フィールドジオロジー

野外で学ぶ地質学シリーズ
野外調査をふまえた研究の手引き！

全9巻

日本地質学会フィールドジオロジー刊行委員会 編
編集委員長：秋山雅彦／編集幹事：天野一男・高橋正樹

❶ フィールドジオロジー入門

天野一男・秋山雅彦著　本書を片手にフィールドに出て直接自然を観察することにより，フィールドジオロジーの基本が身につくように解説。調査道具の使用法や調査法のコツも詳しく説明。

❷ 層序と年代

長谷川四郎・中島　隆・岡田　誠著　地質現象の前後関係を明らかにするための手法である層序学と，それらの現象が地球が何歳のときに起きたかを明らかにする手法である年代学を，専門研究者が分り易く解説。

❸ 堆積物と堆積岩

保柳康一・公文富士夫・松田博貴著　堆積過程の基礎と堆積物と堆積岩から変動を読み取るための方法をやさしく解説。砂岩，泥岩，礫岩などの砕屑性堆積岩と同様に石灰岩についても十分に説明。

❹ シーケンス層序と水中火山岩類

保柳康一・松田博貴・山岸宏光著　第4巻では，第3巻で扱えなかった地層と海水準変動との関係を考察する仕方と，日本列島でのフィールド調査では避けて通れない，水中火山岩類の観察の仕方を取り上げた。

❺ 付加体地質学

小川勇二郎・久田健一郎著　付加体とは何であろうか？どのようにして，また何故できるのだろうか？どこへ行けば見られるのだろうか？というような問いに対して具体的に答える付加体地質学の入門書。

❻ 構造地質学

天野一男・狩野謙一著　露頭で認められる構造を対象として，フィールドで地質構造を認識・解析するための基礎知識を解説。構造地質学で必要とされる応力や歪といった基本概念についても必要最小限説明。

❼ 変成・変形作用

中島　隆・高木秀雄・石井和彦・竹下　徹著　変成岩の形成は，物理化学的，そして構造地質学的な2つの側面をもっている。本書ではそれらをそれぞれの専門家が「変成岩類」と「変形岩類」に分けて執筆。

❽ 火成作用

高橋正樹・石渡　明著　主に深成岩について，野外で観察できるその特徴やそれらが地下のどのようなマグマ活動を表すのか，そして地球の歴史の中で演じてきた役割を豊富な実例と最新の研究成果を示し解説。

❾ 第四紀

遠藤邦彦・小林哲夫著　新しい第四紀の定義と第四紀学のカバーする分野とともに，火山にまつわる諸現象を最近の話題をもとにわかりやすく解説しており，関連した地震や津波の研究についても紹介。

≪全巻完結≫

【各巻】B6判・並製本・168～244頁
①，③，④，⑤，⑦，⑧，⑨巻：定価2,200円
②，⑥巻：定価2,310円

（税込価格）

（価格は変更される場合がございます）　**共立出版**　www.kyoritsu-pub.co.jp